劳动预备制教材
职业培训教材

加工中心操作与编程

中国劳动社会保障出版社

图书在版编目(CIP)数据

加工中心操作与编程/肖琳娜主编. —北京：中国劳动社会保障出版社，2010
劳动预备制教材　职业培训教材
ISBN 978-7-5045-8265-2

Ⅰ.加…　Ⅱ.肖…　Ⅲ.①加工中心-操作-技术培训-教材②加工中心-程序设计-技术培训-教材　Ⅳ.TG659

中国版本图书馆CIP数据核字(2010)第051954号

中国劳动社会保障出版社出版发行
（北京市惠新东街1号　邮政编码：100029）
出 版 人：张梦欣

*

北京隆昌伟业印刷有限公司印刷装订　新华书店经销
787毫米×1092毫米　16开本　9.5印张　224千字
2010年4月第1版　2010年4月第1次印刷
定价：16.00元

读者服务部电话：010-64929211
发行部电话：010-64927085
出版社网址：http://www.class.com.cn

版权专有　侵权必究
举报电话：010-64954652

前 言

《中华人民共和国就业促进法》规定：“国家采取措施建立健全劳动预备制度，县级以上地方人民政府对有就业要求的初高中毕业生实行一定期限的职业教育和培训，使其取得相应的职业资格或者掌握一定的职业技能。”

为进一步加强劳动预备制培训教材建设，满足各地实施劳动预备制对教材的需求，我们会同中国劳动社会保障出版社，对2000年出版的机械、电工、电子、计算机、汽车维修、餐饮服务、商业服务、服装制作、建筑等类劳动预备制培训的专业课教材组织有关人员进行修订改版，并新编了美容保健、数控加工、会计文秘类的专业课教材。

在组织修订、编写教材时，考虑到接受培训人员的实际水平，为了使学员在较短时间内掌握从业必备的基本知识和操作技能，我们力求做到学习的理论知识为掌握操作技能服务，操作技能实践课题与生产实际紧密结合，内容深入浅出、图文并茂，增强教材的实用性和可读性。同时，注意在教材中反映新知识、新技术、新工艺和新方法，努力提高教材的先进性。

为了在规定的期限内更好地完成劳动预备制培训，各专业按照公共基础课+专业课的模式进行教学。公共基础课教材为《法律常识》《职业道德》《就业指导》《计算机应用》《劳动保护知识》,《应用数学》《实用写作》《英语日常用语》《实用物理》《交际礼仪》，分为必修课和选修课。专业课教材分为专业基础知识教材和专业技术（理论和实训一体化）教材。

在这批教材的修订、编写过程中，编审人员克服各种困难，较好地完成了任务。在此，谨向付出辛勤劳动的编审人员表示衷心感谢。

由于编写时间有限，教材中可能有一些不足之处，我们将在教材使用过程中听取各方面的意见，适时进行修改，使其趋于完善。

人力资源和社会保障部教材办公室

简　介

本书是劳动预备制数控加工类专业技能课教材，参照企业生产实际岗位要求和相应的国家标准编写而成。本书以FANUC系统为例，以典型机械零件数控加工过程所涉及的基础知识与操作技能为主线，由易到难，逐步深入地介绍加工中心操作及编程。主要内容包括加工中心加工基础、轮廓零件的加工、孔系零件的加工、应用简化编程零件的加工、综合零件的加工、Cimatron自动编程软件应用。

本书以任务驱动的形式组织教学内容，将理论和实践灵活地结合在一起，合理使用图形、表格等形象直观的表达方式，程序解释清楚，便于学员更好地掌握加工中心的理论知识与操作技能。

本书由肖琳娜主编，张智敏、付刚参编，梁东晓主审。

目　录

第一单元　加工中心加工基础

模块一　加工中心概述

◎知识技能要求

1. 了解加工中心的分类。
2. 了解加工中心的加工特点。
3. 掌握加工中心的结构及各部分的功能。

一、加工中心的分类

1. 按照机床结构分类

（1）立式加工中心。立式加工中心指主轴轴线垂直设置的加工中心，其结构形式多为固定立柱式，工作台为长方形、十字滑台，适合加工铣削类零件，具有三个直线运动坐标，并可在工作台上安装一个水平的数控转台以加工螺旋线类零件，如图 1—1 所示。立式加工中心的结构简单、占地面积小、价格低。

（2）卧式加工中心。卧式加工中心指主轴轴线水平设置的加工中心。卧式加工中心有固定立柱式和固定工作台式。固定立柱式的卧式加工中心的立柱不动，主轴箱在立柱上作上下移动，工作台可在水平面上作两个方向（X、Z）移动，如图 1—2 所示。固定工作台式的卧式加工中心，其 Z 坐标的运动由立柱移动来定位，安装工件的工作台只完成 X 坐标移动。

图 1—1　立式加工中心

图 1—2　卧式加工中心

卧式加工中心通常带有可进行分度回转运动的正方形分度工作台，一般具有 3 ~ 5 个运动坐标，常见的是三个直线运动坐标（沿 X、Y、Z 轴方向）加一个回转运动（回转工作台）坐标，它能够使工件在一次装夹后完成除安装面和顶面以外的其余四个面的加工，最适合箱体类工件的加工。与立式加工中心相比，卧式加工中心的结构复杂、占地面积大、质量大、价格也较高。

（3）龙门式加工中心。龙门式加工中心的形状与龙门式铣床相似，如图 1—3 所示。主轴多为垂直设置，带有自动换刀装置和可更换的主轴头附件，数控装置的软件功能也较齐全，能够一机多用，尤其适用于加工大型或形状复杂的工件，如航天工业及大型汽轮机上的某些零件。

图 1—3　龙门式加工中心

（4）万能加工中心。这种加工中心具有立式和卧式加工中心的功能，在工件的一次装夹后，能完成除安装面外的所有五个面的加工，故又称五面加工中心。常见的五面加工中心有两种形式：一种是主轴可以旋转 90°，既可以像立式加工中心那样工作，也可以像卧式加工中心那样工作；另一种是主轴不改变方向，而工作台可以带着工件旋转 90°，完成对工件五个表面的加工，可以使工件的形位误差降到最低，省去二次装夹的工装，从而提高生产效率，降低加工成本。但由于五面加工中心存在结构复杂、造价高、占地面积大等缺点，所以它在生产中的使用远不如其他类型的加工中心广泛。

2. 按自动换刀装置分类

（1）转塔头加工中心。转塔头加工中心有立式和卧式两种，主轴数一般为 6 ~ 12 个，这种结构换刀时间短、刀具数量少、主轴转塔头定位精度要求较高。一般在小型立式加工中心上采用转塔刀库形式，主要以孔加工为主。

（2）刀库 + 主轴换刀加工中心。这种加工中心的特点是无机械手式主轴换刀，其换刀通过刀库和主轴箱的配合动作来完成，并由主轴箱上下运动进行选刀和换刀，一般把刀库放在主轴箱可以运动到的位置，或整个刀库能移动到主轴箱可以达到的位置，刀库中刀具的存放位置方向与主轴装刀方向一致。换刀时，主轴运动到刀位上的换刀位置，由主轴直接取走或放回刀具。

（3）刀库 + 机械手 + 主轴换刀加工中心。这种加工中心结构多种多样，换刀装置由刀库和机械手组成，换刀机械手完成换刀工作。由于机械手卡爪可同时抓住刀库上所选的刀和主轴上的刀，因此换刀时间短，并且选刀时间与机械加工时间重合，因此得到广泛应用。

（4）刀库 + 机械手 + 双主轴转塔头加工中心。这种加工中心在主轴上的刀具进行切削时，通过机械手将下一步所用的刀具换到转塔头的非切削主轴上。当主轴上的刀具切削完毕后，转塔头即回转，完成换刀工作，换刀时间短。

3. 按加工中心完成的功能特征分类

（1）镗铣加工中心。镗铣加工中心和龙门式加工中心以镗铣为主，适用于箱体、壳体类零件加工以及各种复杂零件的特殊曲线和曲面轮廓的多工序加工，适用于多品种、小批量的生产方式。

（2）钻削加工中心。钻削加工中心以钻削为主，刀库形式以转塔头形式为主，适用于中、小批量零件的钻孔、扩孔、铰孔、攻螺纹及连续轮廓铣削等多工序加工。

（3）复合加工中心。复合加工中心主要指五面复合加工，可自动回转主轴头，进行立卧加工，主轴自动回转后，在水平面和垂直面实现刀具自动交换。

4. 按加工中心机械结构特征分类

按工作台种类分，加工中心工作台有各种结构，可分为单、双和多工作台。设置多工作台的目的是缩短零件的辅助准备时间，提高生产效率和机床自动化程度。最常见的是单工作台和双工作台两种形式。

5. 按主轴结构特征分类

根据主轴结构特征，可分为单轴、双轴、三轴及可换主轴箱的加工中心。

二、加工中心的特点

加工中心作为一种高效多功能的数控机床，在现代生产中扮演着重要角色。它可以自动连续地完成铣、钻、扩、铰、锪、攻螺纹等多工序加工，适合于小型板类、盘类、壳体类、模具等零件的多品种小批量加工。它除了具有数控机床的共同特点外，还具有以下特点。

1. 工序集中

加工中心的制造工艺与传统工艺及普通数控加工有很大不同。由于加工中心备有刀库并能自动更换刀具，对工件进行多工序加工，使得工件在一次装夹后，数控系统能控制机床按不同工序自动选择和更换刀具，自动改变机床主轴转速、进给量和刀具相对工件的运动轨迹及其他辅助机能，现代加工中心更大程度地使工件在一次装夹后实现多表面、多特征、多工位的连续、高效、高精度加工，即工序集中。这是加工中心最突出的特点。

2. 强力切削

主轴电动机的运动经一对齿形带轮传到主轴，主轴转速的恒功率范围宽，低转速的转矩大，机床的主要构件刚度高，故可以进行强力切削。因为主轴箱内无齿轮传动，所以主轴运转时噪声低、振动小、热变形小。

3. 对加工对象的实用性强

四轴联动、五轴联动加工中心的应用以及 CAD/CAM 技术的发展，使复杂零件的自动加工变得容易，加工中心生产的柔性不仅体现在对特殊要求的快速反应上，而且可以快速实现批量生产，提高了企业的市场竞争能力。

4. 加工生产率高

零件加工所需要的时间包括机动时间与辅助时间两部分。加工中心带有刀库和自动换刀装置，在一台机床上能集中完成多种工序，因而可减少工件装夹、测量和机床的调整时间，减少工件半成品的周转、搬运和存放时间，使机床的切削利用率比普通机床高 3 ~ 4 倍，达 80% 以上，因此，加工中心生产率高。

5. 高速定位

进给伺服电动机的运动经联轴器和滚珠丝杠副，使 X 轴、Y 轴和 Z 轴获得高速移动。机床基础件刚度高，使机床在高速移动时振动小，低速移动时无爬行，并且有较高的精度稳定性。

6. 减轻操作者的劳动强度

加工中心对零件的加工是按事先编好的程序自动完成的，操作者除了操作键盘、装卸零件、进行关键工序的中间测量以及观察机床的运动外，不需要进行繁重的重复性手工操作，劳动强度和紧张程度均可大大减轻，劳动条件也得到很大的改善。

7. 随机换刀

驱动刀库的伺服电动机经蜗轮蜗杆副使刀库回转，机械手的回转、取刀、装刀机构均由液压系统驱动，自动换刀装置结构简单，换刀可靠，由于它安装在立柱上，故不影响主轴箱的移动精度。采用记忆式的任选换刀方式，每次选刀运动，刀库正转或反转均不超过180°。

8. 经济效益高

使用加工中心加工零件时，分摊在每个零件上的设备费用是较昂贵的，但在单件、小批量生产的情况下，可以节省许多其他方面的费用，因此能获得良好的经济效益。加工中心的加工稳定，减少了废品率，使生产成本进一步下降。

9. 有利于生产管理的现代化

用加工中心加工零件，能够准确地计算零件的加工工时，并有效地简化了检验和工夹具、半成品的管理工作。这些特点有利于使生产管理现代化。当前有许多大型CAD/CAM集成软件已经开发了生产管理模块，实现了计算机辅助生产管理。

三、加工中心机械结构的主要组成部分

1. 机床基础件（如床身、底座等）

2. 主传动系统（包括主轴电动机及传动部分）

主传动部分是数控机床的组成部分之一，主轴夹持刀具旋转，直接参与工件表面成形运动。主轴部件的刚度、精度、抗振性和热变形对工件加工质量影响较大。主轴转速高低及范围、传递功率大小和动力特性，决定了工件的切削加工效率和加工工艺能力。大多数主轴都采用无级变速运动，调速范围大，传动方式一般有齿轮传动方式、带传动方式以及电动机直接传动方式等。数控铣床及加工中心主轴组件一般由轴承、支撑、传动件和刀具夹紧等装置组成。主轴轴承的类型、结构、配置和精度直接影响组件的工作性能。

3. 进给系统

进给传动系统承担了数控机床各直线坐标轴、回转轴的定位和切削进给，进给系统的传动精度、灵敏度和稳定性直接影响被加工工件的轮廓和加工精度。进给系统由联轴器、滚珠丝杠、导轨等组成。导轨必须摩擦因数小、耐磨能力强，常用导轨有高频淬火导轨、贴塑导轨等，高档的还有滚动导轨、线导轨、液压导轨等。滚珠丝杠副是回转运动与直线运动相互转换的传动装置。机床能在高速进给下达到工作平稳、定位精度高，没有高刚度、无间隙、高灵敏度和低摩擦阻力的滚珠丝杠作为支撑是不行的。

4. 实现工件回转、定位的装置和附件

为了扩大数控机床加工范围，提高生产效率，机床除了有沿X、Y、Z三个坐标方向的直线进给运动外，有的还需配备有绕X、Y、Z轴的圆周进给运动。实现回转运动通常采用回转工作台和分度工作台。分度工作台只是将工件分度转位，实现分别加工工件的各个表面的目的，给零件加工带来很多方便。而回转工作台除了分度和转位的功能外，还能实现圆周进给运动。

5. 自动换刀装置（ATC）

一般数控铣床的主轴中只能装备一把刀，要更换刀具时，只能靠配备的主轴机构进行手动换刀。而加工中心配备一定数量刀具的存储装置，为了完成工件的多工序加工需要进行刀具更换，这种装置称为自动换刀装置（ATC）。其基本要求是刀具换刀时间短且可靠性高，刀具重复定位精度高，有足够的刀具容量且占地面积小。

带刀库的自动换刀系统由刀库和换刀机构组成，刀库可以存放很多刀具。刀库类型分为盘式、链式和箱式。盘式刀库又称斗笠式刀库，容量较小；链式刀库容量较大，一般可配备

30 把以上的刀具；箱式刀库容量更大，空间利用率高，但是换刀时间长。刀库与主轴交换刀具的方式通常有机械手交换刀具方式和通过刀库与机床主轴的相对运动进行刀具交换方式。其交换方式及它们的具体结构直接影响机床的工作效率和可靠性。

6. 自动托盘交换装置（APC）

自动托盘交换装置不仅是加工系统与物流系统间的工件输送接口，也起到物流系统工件缓冲站的作用。托盘交换装置按其运动方式有回转式和往复式两种，托盘交换器在机床运行时是加工中心的一个辅件，完成或协助完成物料（工件）的装卸与交换，并起缓冲作用。

7. 辅助装置（如液压、气动、润滑、冷却、排屑、防护等装置）

数控机床配备液压和气动装置来完成自动运行功能，其结构紧凑，工作可靠，易于控制和调节，液压传动装置使用工作压力高的油性介质，动作平稳，噪声较小；气动装置的气源容易获得，结构简单，动作频率高，适合频繁启动的辅助工作。主轴的自动松开和夹紧，交换工作台的自动交换动作，自动换刀时机械手的伸缩、回转及刀具的松开和拉紧等都离不开液压和气动等装置。

排屑装置的主要作用是将切屑从加工区域排出到数控机床之外，切屑中混着切削液，排屑装置将切屑从其中分离出来送入切屑小车。

8. 工具系统

生产中广泛使用数控铣床及加工中心来加工各种不同的工件，所以刀具装夹部分的结构、尺寸也是多种多样的。把通用性较强的装夹工具系列化、标准化就有了不同结构的工具系统，它一般分为整体式结构和模块式结构两大类。整体式刀具系统基本上由整体柄部和整体刃部（整体式刀具）组成，传统的钻头、铣刀、铰刀等就属于整体式刀具。模块式刀具系统是把整体式刀具系统按功能进行分割，做成系列化的标准模块（如刀柄、刀杆、接长杆、接长套、刀夹、刀体、刀头、刀刃等），再根据需要快速地组装成不同用途的刀具，当某些模块损坏时可部分更换。这样既便于批量制造，降低成本，也便于减少用户的刀具储备，节省开支。因此模块式刀具系统在使用中备受推崇。

常用的是 40 号、45 号、50 号 7∶24 长圆锥柄，在该系列中，我国的 GB/T 10944—1989、德国的 DIN69871、美国的 ANSIL5. 50 都已与 ISO 7388 标准趋于一致，在主轴端为同一锥度号的主轴孔，以及刀库、换刀机械手之间互相通用。如 JT40 - XS16 - 75，其中 JT40 表示刀柄形式及尺寸，其后数字为相应的 ISO 锥度号，40 代表大端直径为 44. 45 mm 的 7∶24 锥度；JT 表示采用日本标准 MAS403 号加工中心机床用锥柄形式；XS16 表示刀柄用途及主参数（MW 装无扁尾莫氏锥柄刀柄，XS 装三面刃铣刀刀柄，M 装有扁尾莫氏锥柄刀柄，Z 或 J 装钻夹头刀柄，XP 装削平柄铣刀刀柄），16 表示工具的工作特性；75 为其轮廓尺寸 *D* 或 *L*。

四、加工中心的选用

加工中心的选用主要由加工零件的复杂程度、精度、加工工序等因素确定。

一般来说，具备下列特点的零件适合在加工中心上加工：需要用许多把刀具在一个工件上进行加工的零件；有定位孔距精度要求的多孔加工，定位繁琐的工件；重复生产的工件；复杂形状的零件，如模具、航空用零件等；能借助自动编程软件编程的各种异形零件。箱体类、板类零件适合在卧式加工中心上加工，如主轴箱体、泵体、阀体、内燃机缸体等。连顶面也要在一次装夹中加工完成，可选用五面体加工中心。立式加工中心适合加工箱盖、缸盖、平面凸轮等。龙门加工中心用于加工大型箱体、板类零件，如内燃机车缸体、加工中心立柱、床身等。

五、选择加工中心加工零件时的注意事项

（1）由于零件加工的工序多，使用的刀具种类多，甚至在一次装夹下，要完成粗加工、半精加工与精加工，应周密合理地安排各个工序的加工顺序，有利于提高产品的质量与生产效率。

（2）根据加工批量等情况决定换刀形式，换刀比较频繁时，就应选择加工中心进行加工，而对于换刀不频繁、工序单一的加工，宜采用铣床加工，这样可减少刀具的调整时间，提高效率。

（3）加工编程时应充分考虑到换刀的空间，以免发生撞刀事故，有条件的采用机外预调刀具参数，便于操作者在运行程序前，及时修改刀具补偿参数。

（4）检验与试切工作。由于手工编程有很多人为因素造成的错误，所以在加工前要认真进行程序的检查与校验，以防事故发生。

练 习 题

一、判断题（正确的画“√”，错误的画“×”）

1. 数控铣床（加工中心）工具系统一般其柄部为7:24锥度，有ISO、CAT、BT等不同的标准，其中BT是美国的国家标准。（ ）
2. 加工中心的铣刀或刀杆是在前端柱孔内定位。（ ）
3. 中间模块是刀柄和刀具之间的中间连接装置，提高了刀柄的通用性能。（ ）
4. 带刀库的自动换刀系统由刀库和换刀机构组成，刀库可以存放很多刀具。（ ）

二、填空题（将正确答案写在横线上）

1. 立式加工中心指主轴轴线________设置的加工中心。
2. 卧式加工中心指主轴轴线________设置的加工中心。
3. 一般在小型立式加工中心上采用转塔刀库形式，主要以________加工为主。
4. 加工中心最突出的特点是________________。

三、简答题

1. 适合在加工中心上加工的零件有哪些？
2. 选择加工中心加工零件时有哪些注意事项？

模块二 加工中心加工工艺

◎知识技能要求

1. 能进行零件图的工艺性分析。
2. 能确定定位与夹紧方案。
3. 能正确选择夹具。

4. 能确定加工顺序。

5. 能确定刀具进给路线。

6. 能正确选择刀具。

7. 能够制定合理的数控铣削加工工艺方案。

◎加工要求

在生产中，编制程序之前，首先要看懂图样和工艺要求，明确工艺过程，合理地选择刀具、夹具及切削用量。数控铣削加工工艺制定得合理与否，对程序编制、机床的加工效率和零件的加工精度都有重要影响。

◎加工任务

如图 1—4 所示的典型平面类零件，材料为铸件，切削加工性较好。编制其加工工艺方案。

一、零件图样工艺分析

平面凸轮零件是数控铣削加工中常见的零件之一，其轮廓曲线组成不外乎直线—圆弧、圆弧—圆弧、圆弧—非圆曲线及非圆曲线等几种。所用数控机床多为两轴以上联动的数控铣床。加工工艺过程也大同小异。

图 1—4 所示的零件是一种平面槽形凸轮，其轮廓由圆弧 *HA*、*BC*、*DE*、*FG* 和直线 *AB*、*HG* 以及过渡圆弧 *CD*、*EF* 所组成，需要两轴联动的数控机床加工。

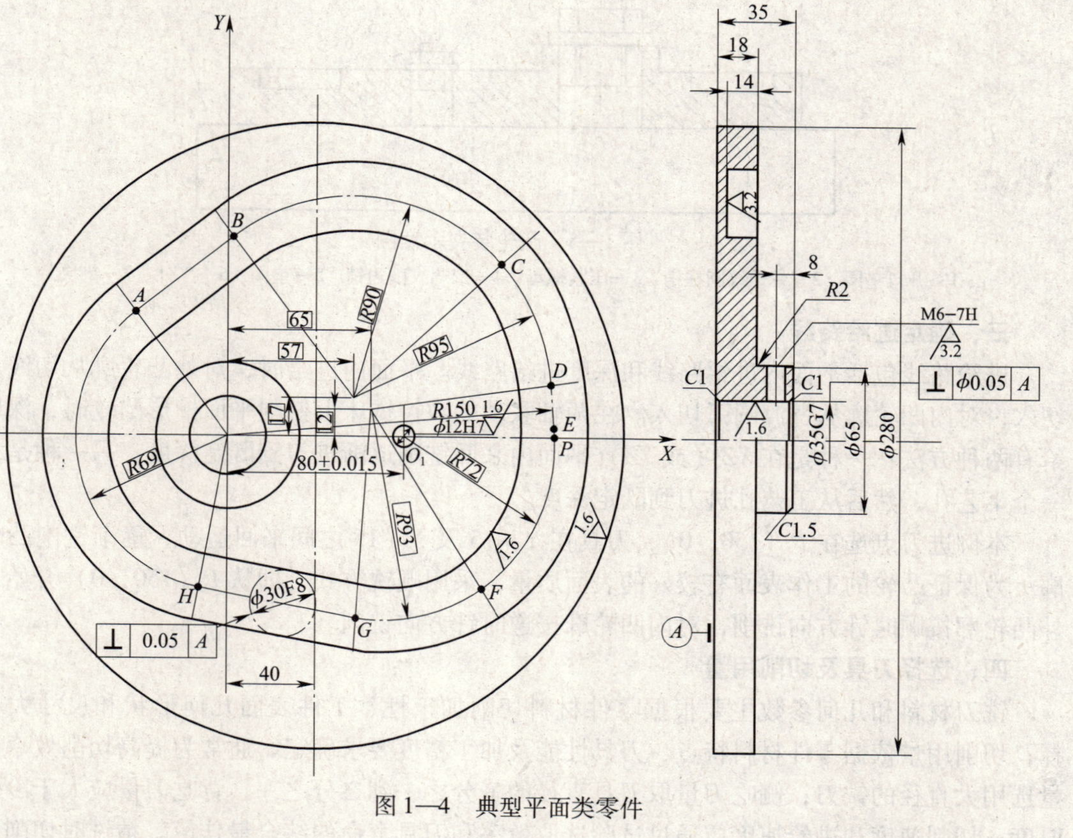

图 1—4　典型平面类零件

该零件在数控铣削加工前，工件是一个经过加工、含有两个基准孔、直径为 280 mm、厚度为 18 mm 的圆盘。圆盘底面 *A* 及 ϕ35G7 和 ϕ12H7 两孔可用作定位基准，无需另作工艺孔定位。

凸轮槽组成几何元素之间关系清楚，条件充分，编程时，所需基点坐标很容易求得。

凸轮槽内外轮廓面对 *A* 面有垂直度要求，只要提高装夹精度，使 *A* 面与铣刀轴线垂直，即可保证；ϕ35G7 对 *A* 面的垂直度要求已由前工序保证。

二、确定装夹方案

一般大型凸轮可用等高垫块垫在工作台上，然后用压板螺栓在凸轮的孔上压紧。外轮廓平面盘形凸轮的垫块要小于凸轮的轮廓，不与铣刀发生干涉。对小型凸轮，一般用心轴定位、压紧即可。

根据图 1—4 所示凸轮的结构特点，采用“一面两孔”定位，设计一“一面两销”专用夹具。用一块 320 mm × 320 mm × 40 mm 的垫块，在垫块上分别精镗 ϕ35 mm 及 ϕ12 mm 两个定位销安装孔，孔距为（80 ± 0. 015）mm，垫块平面度为 0. 05 mm，加工前先固定垫块，使两定位销孔的中心连线与机床的 *X* 轴平行，垫块的平面要保证与工作台面平行，并用百分表检查。

图 1—5 所示为凸轮零件的装夹方案示意图。采用压紧螺母 3 夹紧，提高装夹刚度，防止铣削时振动。

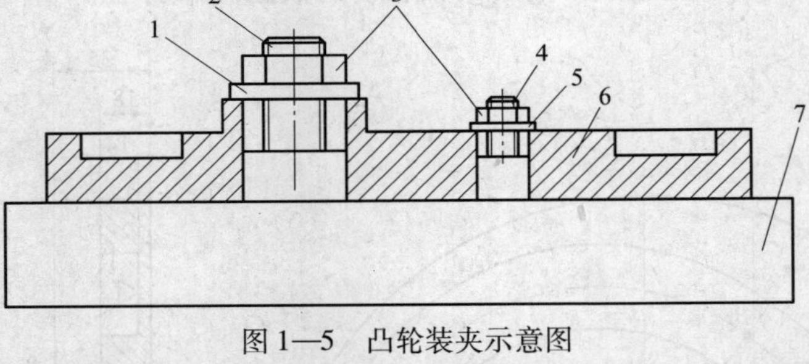

图 1—5　凸轮装夹示意图

1—开口垫圈　2—带螺纹圆柱销　3—压紧螺母　4—带螺纹削边销　5—垫圈　6—工件　7—垫块

三、确定进给路线

进给路线包括平面内进给路线和深度进给路线。平面内进给时，对外凸轮廓从切线方向切入，对内凹轮廓从过渡圆弧切入。在两轴联动的数控铣床上铣削平面槽形凸轮时，深度进给有两种方法：一种是在 *XZ*（或 *YZ*）平面内来回铣削逐渐进刀到既定深度；另一种是先打一个工艺孔，然后从工艺孔进刀到既定深度。

本例进刀点选在 *P*（150，0），刀具在 Y − 15 及 Y + 15 之间来回运动，逐渐铣削凸轮轮廓。为保证凸轮的工作表面有较好的表面质量，采用顺铣方式，即从 *P*（150，0）开始，对外凸轮廓按顺时针方向铣削，对内凹轮廓按逆时针方向铣削。

四、选择刀具及切削用量

铣刀材料和几何参数主要根据零件材料切削加工性、工件表面几何形状和尺寸大小选择；切削用量依据零件材料特点、刀具性能及加工精度要求确定。通常为提高切削效率要尽量选用大直径的铣刀；侧吃刀量取刀具直径的三分之一到二分之一，背吃刀量应大于冷硬层厚度；切削速度和进给速度应通过试验选取效率和刀具寿命的综合最佳值。精铣时切削速度应高一些。

本例的零件材料（铸铁）属于一般材料，切削加工性较好，选用ϕ18 mm 硬质合金立铣刀，主轴转速取900 ~ 1 500 r/min，进给速度取100 ~ 200 mm/ min。槽深14 mm，铣削余量分三次完成，第一次背吃刀量8 mm，第二次背吃刀量5 mm，剩下的1 mm随同轮廓精铣一起完成。凸轮槽两侧面各留0.5 ~ 0.7 mm 精铣余量。在第二次进给完成之后，分别对凸轮槽两侧面精铣一次，达到图样要求的尺寸。

◎加工知识

一、加工中心适宜加工的对象

根据加工中心的工艺特点，加工中心适宜加工形状复杂、加工内容多、要求较高、需用多种类型的普通机床和众多的工艺装备且经多次装夹和调整才能完成加工的零件。主要的加工对象有下列几种：

1. 既有平面又有孔系的零件

加工中心具有自动换刀装置，在一次安装中，可以完成零件上平面的铣削，孔系的钻削、镗削、铰削、铣削及攻螺纹等多工步加工。加工的部位可以在一个平面上，也可以在不同的平面上。五面加工中心一次安装可以完成除装夹面以外的五个面的加工。因此，既有平面又有孔系的零件是加工中心的首选加工对象，常见的有箱体类零件和盘、套、板类零件。

（1）箱体类零件。箱体类零件有很多，一般都要进行多工位孔系及平面加工，精度要求较高，特别是形状精度和位置精度要求较严格，通常要经过铣、钻、扩、镗、铰、锪、攻螺纹等工步，需要的刀具较多，在普通机床上加工难度大，工装套数多，需多次装夹找正，手工测量次数多，精度不易保证。在加工中心上一次安装可完成普通机床60% ~95%的工序内容，零件各项精度一致性好，质量稳定，生产周期短。

（2）盘、套、板类零件。这类零件端面上有平面、曲面和孔系，也常分布一些径向孔，如图1—6所示的十字盘。加工部位集中在单一端面上的盘、套、板类零件宜选择立式加工中心，加工部位不位于同一方向表面上的零件宜选择卧式加工中心。

2. 结构形状复杂、普通机床难加工的零件

主要表面是由复杂曲线、曲面组成的零件在加工时，需要多坐标联动加工，这在普通机床上是难以甚至无法完成的，加工中心是加工这类零件最有效的设备。常见的典型零件有以下几类：

（1）凸轮类。这类零件包括有各种曲线的盘形凸轮、圆柱凸轮、圆锥凸轮和端面凸轮等，加工时，可根据凸轮表面的复杂程度，选用三轴、四轴或五轴联动的加工中心。

（2）整体叶轮类。整体叶轮常见于航空发动机的压气机、空气压缩机、船舶水下推进器等，它除具有一般曲面加工的特点外，还存在许多特殊的加工难点，如通道狭窄，刀具很容易与加工表面和邻近曲面产生干涉。图1—7所示为轴向压缩机涡轮，它的叶面是一个典型的三维空间曲面，加工这样的型面，可采用四轴以上联动的加工中心。

（3）模具类。常见的模具有锻压模具、铸造模具、注塑模具及橡胶模具等。图1—8所示为连杆锻压模具。采用加工中心加工模具，由于工序高度集中，动模、静模等关键件基本上是在一次安装中完成全部精加工内容，尺寸累积误差及修配工作量小，而且模具的可复制性强，互换性好。

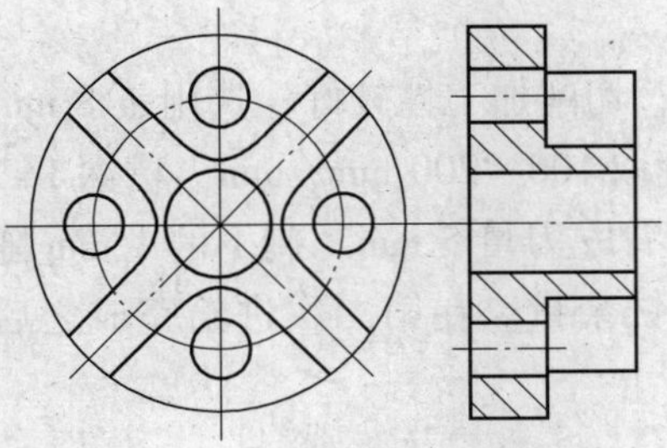

图 1—6　十字盘

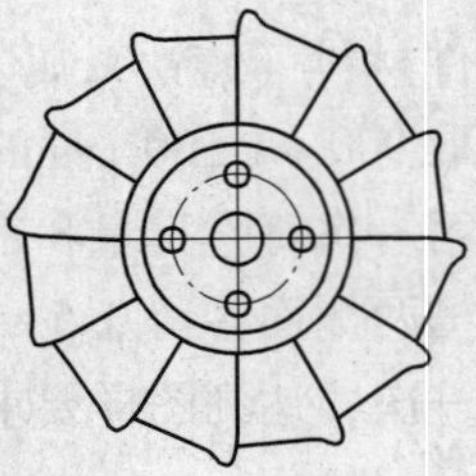

1—7　轴向压缩机涡轮

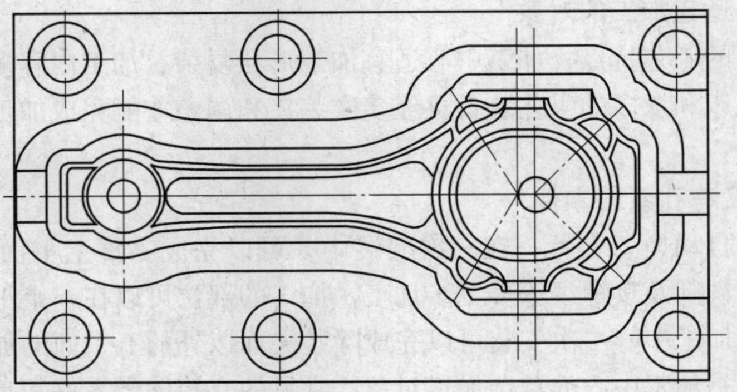

图 1—8　连杆锻压模具简图

3. 外形不规则的异形零件

异形零件是指支架（见图 1—9）、拨叉类外形不规则的零件，大多需要点、线、面多工位混合加工。由于外形不规则，在普通机床上只能采取工序分散的原则进行加工，需用工装较多，周期较长。利用加工中心多工位点、线、面混合加工的特点，可以完成大部分甚至全部工序内容。

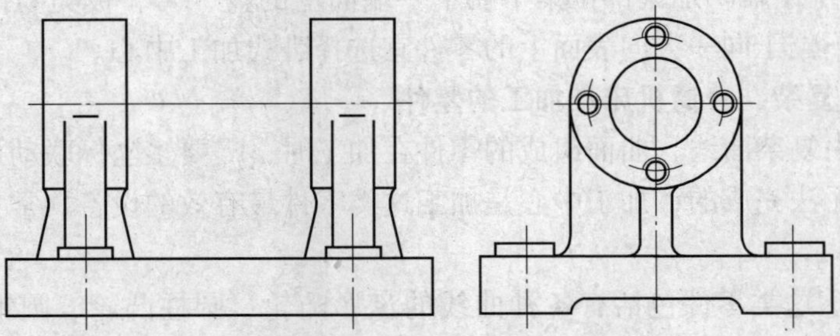

图 1—9　支架

以上是根据零件特征选择的适合加工中心加工的几种零件，此外，还有下面一些适合加工中心加工的零件。

4. 周期性投产的零件

用加工中心加工零件时，所需工时主要包括基本时间和准备时间，其中，准备时间占很大比例。例如工艺准备、程序编制、零件首件试切等，这些时间往往是单件基本时间的几十倍。采用加工中心可以将这些准备时间的内容储存起来，供以后反复使用。这样，对周期性投产的零件，生产周期就可以大大缩短。

5. 加工精度要求较高的中小批量零件

针对加工中心加工精度高、尺寸稳定的特点，对加工精度要求较高的中小批量零件，选择加工中心加工，容易获得所要求的尺寸精度和形状位置精度，并可得到很好的互换性。

6. 新产品试制中的零件

在新产品定型之前，需经反复试验和改进。选择加工中心试制，可省去许多用通用机床加工所需的试制工装。当零件被修改时，只需修改相应的程序及适当地调整夹具、刀具即可，节省了费用，缩短了试制周期。

二、加工中心的换刀功能

自动刀具交换的指令为 M06，在 M06 后用 T 功能来选择所需的刀具。M06 中有 M05 功能，因此用了 M06 后必须设置主轴转速与转向。刀具号由 T 后的两位数字（BCD 代码）来指定。

在刀库刀具排满时，主轴上无刀，此时主轴上的刀号是 T00。换刀后，刀库内无刀的刀套上的刀号为 T00。例如，T02 号刀换到主轴上，此时刀库中的 2 号刀变成了 T00，而且刀库中 T02 号刀套上为空刀。

编程时可以使用两种方法：

1. N ×××× G28 Z __ T ××；
⋮
N ×××× M06；
⋮

执行该程序段后，T××号刀由刀库中转至换刀刀位，作换刀准备，此时执行 T 指令的辅助时间与机动时间重合。本次所交换的为前段换刀指令执行后转至换刀刀位的刀具。

例如：

N0110 G01 X __ Y __ Z __ T01；
N0120
N0130
N0140 G28 Z __ M06；
⋮
N0200 T02；
N0210
N0220 G28 Z __ M06；
⋮

在 N0140 段换的是在 N0110 段选出的 T01 号刀，即在 N0200 ~ N0220（不包括 N0220 段）段中加工所用的是 T01 号刀。在 N0220 段换上的是 N0200 段选出的 T02 号刀，即从 N0220 下段开始用 T02 号刀加工。在执行 N0110 与 N0220 段的 T 功能时，不占用加工时间。

2. N×××× G28 Z __ T×× M06；
⋮

返回参考点时，刀库先将 T××号刀具转出，然后进行刀具交换，换到主轴上去的刀具为 T××。若回参考点的时间小于 T 功能执行时间，则要等到刀库中相应的刀具转到换刀刀位以后才能执行 M06，因此，这种方法占用的机动时间较长。例如：

N0110 G01 X __ Y __ Z __ M03 S __;

N0130 G28 Z __ T02 M06 __;

⋮

在执行 N0130 时，在主轴回参考点的同时，刀库转动，若主轴已回到参考点而刀库还没有转出 T02 号刀，此时不执行 M06，直到刀库转出 T02 号刀后，才执行 M06，将 T02 号刀换到主轴上去。

三、刀具管理功能

有的数控系统有刀具使用寿命管理功能，即可预先置入刀具的使用寿命，该刀具的实际切削时间可由计算机累加计算，达到使用寿命时提示更换锋利的刀具或自动更换刀库上的备用刀。

练 习 题

一、判断题（正确的画“✓”，错误的画“×”）

1. 通常为提高切削效率要尽量选用较小直径的铣刀。（ ）

2. 用加工中心加工零件时，所需工时主要包括基本时间和准备时间，其中，基本时间占很大比例。（ ）

3. 自动刀具交换的指令为 M06，在 M06 后用 T 功能来选择所需的刀具。（ ）

4. 在刀库刀具排满时，主轴上无刀，此时主轴上的刀号是 T00。（ ）

二、填空题（将正确答案写在横线上）

1. 铣刀________和________主要根据零件材料切削加工性、工件表面几何形状和尺寸大小选择；切削用量是依据零件材料特点、刀具性能及加工精度要求确定。

2. 针对加工中心加工________、________的特点，对加工精度要求较高的中小批量零件，选择加工中心加工，容易获得所要求的尺寸精度和形状位置精度，并可得到很好的互换性。

三、简答题

1. 加工中心适宜加工的对象有哪些？

2. 刀具管理功能指的是什么？

第二单元　轮廓零件的加工

模块一　平面零件的加工

◎知识技能要求

1. 能设置工件坐标系。
2. 掌握子程序指令运用技巧。
3. 能独立操作数控加工中心，选择合理的铣削方法进行平面加工。

◎加工要求

在加工之前，首先仔细读图，图 2—1 为平面类零件。按照图样的工艺要求，选择合理的加工方法，然后建立工件坐标系，应用 G00、G01 指令编制加工程序。

◎加工任务

在加工中心上加工如图 2—1 所示的零件，毛坯尺寸为 100 mm × 80 mm × 45 mm，材料为 45 钢。

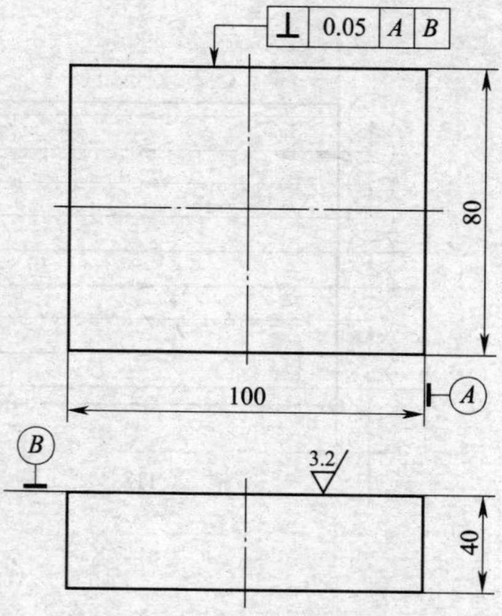

图 2—1　零件图

一、确定数控铣削加工工艺

1. 分析零件图

该零件主要加工上表面至图样尺寸。零件材料为 45 钢。无热处理和硬度要求。

2. 确定装夹方案

选用机床用平口虎钳装夹工件，底部用垫铁垫起，伸出钳口 6 ~ 8 mm，并用百分表找正。

3. 加工路线

（1）采用往复切削方法进行粗加工，如图 2—2a 所示。

（2）采用单向平行切削方法进行精加工，如图 2—2b 所示。

4. 工具、量具、刃具清单（见表 2—1）

表 2—1　　工具、量具、刃具清单

序号	名称	规格	精度	数量	单位
1	*Z* 轴设定器	50 mm	0.01 mm	1	个
2	游标卡尺	0 ~ 150 mm	0.02 mm	1	把
3	游标深度尺	0 ~ 200 mm	0.02 mm	1	把

续表

序号	名称	规格	精度	数量	单位
4	平行垫铁			若干	个
5	立铣刀	ϕ20 mm		1	个
6	机床用平口虎钳	QH160		1	个
7	塑胶榔头			1	个
8	呆扳手			若干	把

5. 刀具与合理的切削用量（见表 2—2）

表 2—2　刀具与合理的切削用量

序号	刀具规格	工序内容	f（mm/min）	a_p（mm）	n（r/min）
T01	ϕ20 mm 立铣刀	粗铣平面	60	4.8	700
		精铣平面，至图样尺寸	50	0.2	800

6. 设定工件坐标系

根据图样特点，确定工件原点为工件的左前角顶点处，并通过对刀设定原点偏置 G54。加工路线如图 2—2 所示。

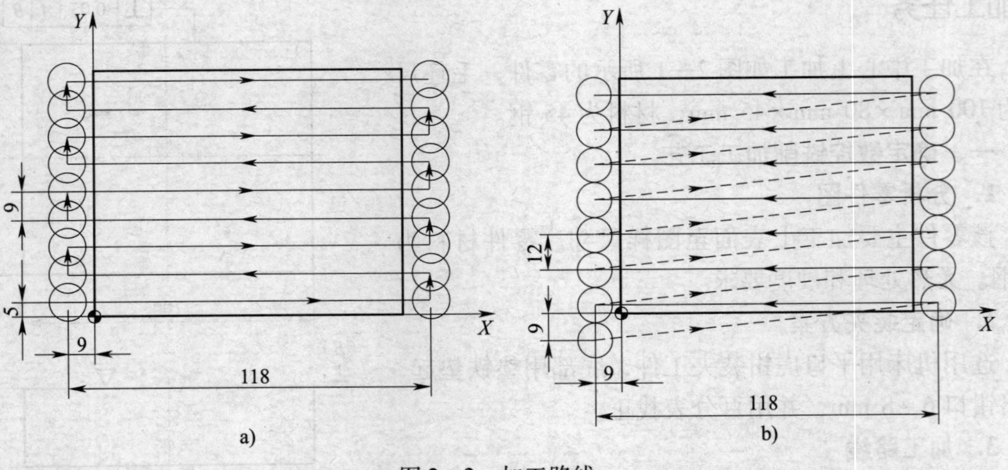

图 2—2　加工路线

a）粗加工刀路分析　b）精加工刀路分析

二、编制数控加工程序

数控加工程序见表 2—3。

表 2—3　数控加工程序

程序内容	说明
O0201;	主程序号是 O0201
N01 G54 G90 M03 S700 F60;	建立坐标系 G54，绝对坐标编程，主轴正转，转速为 700 r/min，进给量为 60 mm/min
N05 G00 X－9 Y5 Z10;	刀具快速移动到点（－9，5，10）

续表

程序内容	说明
N10 G90 G00 Z－4.8 M08；	刀具快速下刀至 Z－4.8，切削液开
N20 G91 G01 X118；	相对于上一点，沿 X 轴正方向切削运动 118 mm
N30 G00 Y9；	相对于上一点，沿 Y 轴正方向窜刀 9 mm
N40 G01 X－118；	相对于上一点，沿 X 轴负方向切削运动 118 mm
N50 G00 Y9；	相对于上一点，沿 Y 轴正方向窜刀 9 mm
N60 G01 X118；	相对于上一点，沿 X 轴正方向切削运动 118 mm
N70 G00 Y9；	相对于上一点，沿 Y 轴正方向窜刀 9 mm
N80 G01 X－118；	相对于上一点，沿 X 轴负方向切削运动 118 mm
N90 G00 Y9；	相对于上一点，沿 Y 轴正方向窜刀 9 mm
N100 G01 X118；	相对于上一点，沿 X 轴正方向切削运动 118 mm
N110 G00 Y9；	相对于上一点，沿 Y 轴正方向窜刀 9 mm
N120 G01 X－118；	相对于上一点，沿 X 轴负方向切削运动 118 mm
N130 G00 Y9；	相对于上一点，沿 Y 轴正方向窜刀 9 mm
N140 G01 X118；	相对于上一点，沿 X 轴正方向切削运动 118 mm
N150 G00 Y9；	相对于上一点，沿 Y 轴正方向窜刀 9 mm
N160 G01 X－118；	相对于上一点，沿 X 轴负方向切削运动 118 mm
N170 G00 Y9；	相对于上一点，沿 Y 轴正方向窜刀 9 mm
N180 G01 X118；	相对于上一点，沿 X 轴正方向切削运动 118 mm
N190 G00 Y9；	相对于上一点，沿 Y 轴正方向窜刀 9 mm
N200 G01 X－118；	相对于上一点，沿 X 轴负方向切削运动 118 mm
N210 G00 Y9；	相对于上一点，沿 Y 轴正方向窜刀 9 mm
N220 G90 G00 Z10；	刀具快速抬刀至绝对值 Z10 处
N230 M03 S800 F50；	主轴正转，转速为 800 r/min，进给量为 50 mm/min
N240 G00 X－9 Y－9；	刀具快速移动到（－9，－9）
N250 G91 G00 X118 Y12；	相对于上一点，刀具快速移动到（118，12）
N260 G90 G00 Z－5；	刀具快速下刀到绝对值 Z－5 处
N270 G91 G01 X－118；	相对于上一点，沿 X 轴负方向切削运动 118 mm
N280 G90 G00 Z10；	刀具快速抬刀到绝对值 Z10 处
N290 G91 G00 X118 Y12；	相对于上一点，刀具快速移动到（118，12）
N300 G90 G00 Z－5；	刀具快速下刀到绝对值 Z－5 处
N340 G91 G01 X－118；	相对于上一点，沿 X 轴负方向切削运动 118 mm
N350 G90 G00 Z10；	刀具快速抬刀到绝对值 Z10 处
N360 G91 G00 X118 Y12；	相对于上一点，刀具快速移动到（118，12）
N370 G90 G00 Z－5；	刀具快速下刀到绝对值 Z－5 处
N380 G91 G01 X－118；	相对于上一点，沿 X 轴负方向切削运动 118 mm
N390 G90 G00 Z10；	刀具快速抬刀到绝对值 Z10 处

续表

程序内容	说明
N400 G91 G00 X118 Y12;	相对于上一点，刀具快速移动到（118，12）
N410 G90 G00 Z-5;	刀具快速下刀到绝对值 Z-5 处
N420 G91 G01 X-118;	相对于上一点，沿 X 轴负方向切削运动 118 mm
N430 G90 G00 Z10;	刀具快速抬刀到绝对值 Z10 处
N440 G91 G00 X118 Y12;	相对于上一点，刀具快速移动到（118，12）
N450 G90 G00 Z-5;	刀具快速下刀到绝对值 Z-5 处
N460 G91 G01 X-118;	相对于上一点，沿 X 轴负方向切削运动 118 mm
N470 G90 G00 Z10;	刀具快速抬刀到绝对值 Z10 处
N480 G91 G00 X118 Y12;	相对于上一点，刀具快速移动到（118，12）
N490 G90 G00 Z-5;	刀具快速下刀到绝对值 Z-5 处
N500 G91 G01 X-118;	相对于上一点，沿 X 轴负方向切削运动 118 mm
N510 G90 G00 Z10;	刀具快速抬刀到绝对值 Z10 处
N520 G91 G00 X118 Y12;	相对于上一点，刀具快速移动到（118，12）
N530 G90 G00 Z-5;	刀具快速下刀到绝对值 Z-5 处
N540 G91 G01 X-118;	相对于上一点，沿 X 轴负方向切削运动 118 mm
N550 G90 G00 Z10;	刀具快速抬刀到绝对值 Z10 处
N560 M05 M09;	主轴停转，切削液关
N570 M30;	程序结束

◎加工知识

一、设置工件坐标系

1. 设定工件坐标系（G92）

指令格式：G92 X__ Y__ Z__;

指令应用：设定工件坐标系，使刀具上的点位于指定的坐标位置。

指令说明：加工工件时使用的坐标系称作工件坐标系。工件坐标系由 CNC 预先设置（设置工件坐标系）。如果在刀具长度偏置期间用 G92 设定坐标系，则 G92 用无偏置的坐标值设定坐标系。刀具半径补偿被 G92 临时删除，如图 2—3 所示。

2. 选择工件坐标系（G54～G59）

一个加工程序设置一个工件坐标系（选择一个工件坐标系）。用 MDI 面板可设定 6 个工件坐标系 G54～G59。指定其中一个 G 代码，可以选择 6 个中的一个。

G54：工件坐标系 1；

G55：工件坐标系 2；

G56：工件坐标系 3；

G57：工件坐标系 4；

G58：工件坐标系 5；

G59：工件坐标系 6。

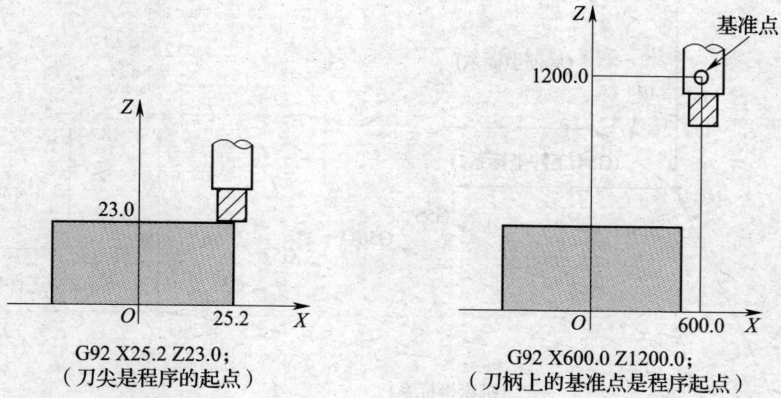

图 2—3　G92 设定工件坐标系

在电源接通并返回参考点之后，建立工件坐标系 1 到 6。当电源接通时，自动选择 G54 坐标系。

如图 2—4 所示为用 G55 建立工件坐标系。

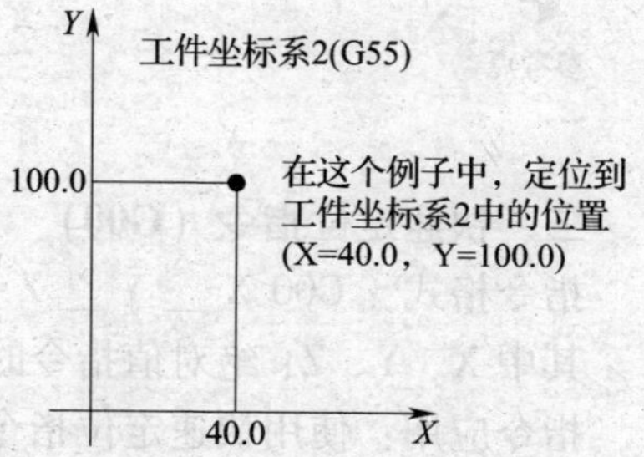

图 2—4　用 G55 建立工件坐标系

用 G55 建立工件坐标系程序的编写。

```
⋮
G90 G55 G00 X40.0 Y100.0;
⋮
```

3．局部工件坐标系（G52）

指令格式：

G52 IP __;　　　设定局部坐标系

G52 IP0;　　　　取消局部坐标系

其中　IP __：局部坐标系原点

指令应用：当在工件坐标系中编制程序时，为了方便编程，可以设定工件坐标系的子坐标系。子坐标系称为局部坐标系。

指令说明：

①用指令 G52 IP __；可以在工件坐标系（G54 ~ G59）中设定局部坐标系。局部坐标系的原点设定在工件坐标系中以 IP __ 指定的位置。

②当局部坐标系设定时，后面的以绝对值方式（G90）指令的移动是局部坐标系中的坐标值。在工件坐标系中用 G52 指定局部坐标系的新的零点，可以改变局部坐标系。

③为了取消局部坐标系并在工件坐标系中指定坐标值，应使局部坐标系零点与工件坐标系零点一致，如图 2—5 所示。

二、绝对坐标编程和增量值编程（G90、G91）

指令格式：

绝对值指令：G90 IP;

增量值指令：G91 IP;

其中，IP 表示各个坐标轴。

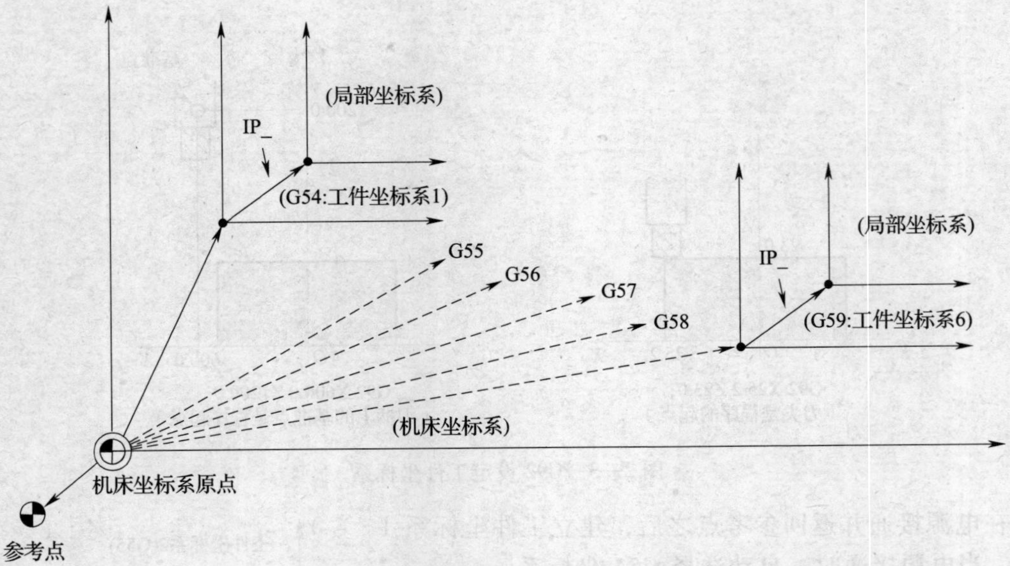

图 2—5 设定局部坐标系

三、快速定位指令（G00）

指令格式：G00 X __ Y __ Z __;

其中 X、Y、Z：绝对值指令时，是终点的坐标值；增量值指令时，是刀具移动的距离。

指令应用：使用快速定位指令可使刀具快速移动到指定的工件坐标系中的位置。

指令说明：G00 指令中的快速移动速度由机床制造厂商对每个轴单独设定到参数 No. 1420 中。由 G00 指令的定位方式，在程序段的开始刀具加速到预定的速度，而在程序的终点减速。在确认到位之后，执行下个程序段。

编程举例：如图 2—6 所示，刀具从 *A* 点快速移动到 *B* 点的绝对值编程和增量值编程。

绝对值编程：G90 G00 X50 Y60;

增量值编程：G91 G00 X -50 Y40;

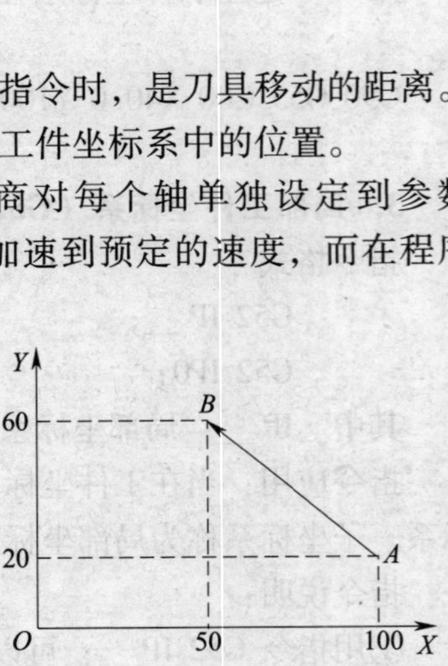

图 2—6 绝对值与增量值编程图

四、直线插补指令（G01）

指令格式：G01 X __ Y __ Z __ F __;

其中 X、Y、Z：绝对值指令时，是终点的坐标值；增量值指令时，是刀具移动的距离。

F：刀具进给速度（进给量）。

指令应用：刀具沿直线移动。

指令说明：

（1）直线插补时，刀具以 F 指定的进给速度沿直线移动到指定的位置。

例：G91 G01 X200. 0 Y100. 0 F100. 0；相对坐标从始点 *O* 点直线插补到终点处，进给量为 100 mm/min，如图 2—7 所示。

（2）旋转轴的进给速度，以°/ min（度/分）为指令单位。

例：G91 G01 C -90. 0 F300. 0；从始点到终点顺时针旋转 90°，进给量为 300°/ min，如图 2—8 所示。

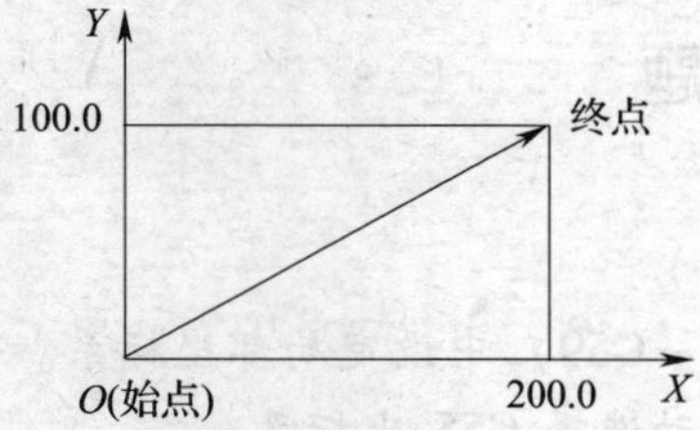

图 2—7　直线插补指令

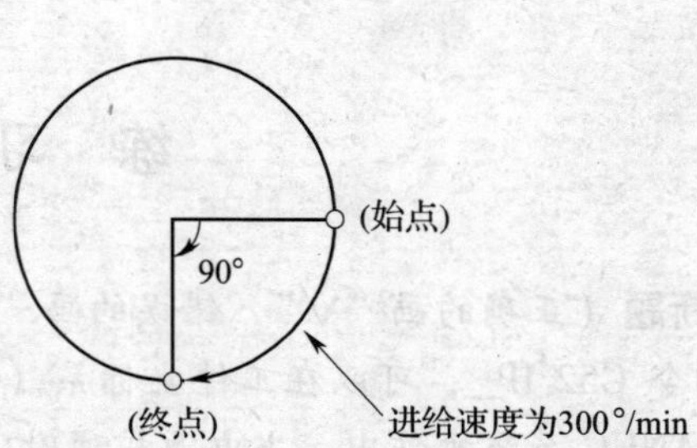

图 2—8　旋转轴的进给速度

五、铣削工艺分析

1. 加工方法

（1）单向平行切削方法。刀具以单一的顺铣或逆铣方式切削工件，如图 2—9a 所示。

（2）往复平行切削方法。刀具以顺、逆铣混合方式切削工件，如图 2—9b 所示。

（3）环切切削方法。刀具按环状走刀方式切削工件，可选择从里向外或从外向里的方式，切削轨迹有圆形环切轨迹、三角形环切轨迹、矩形环切轨迹或长方形环切轨迹等，如图 2—9c 所示。

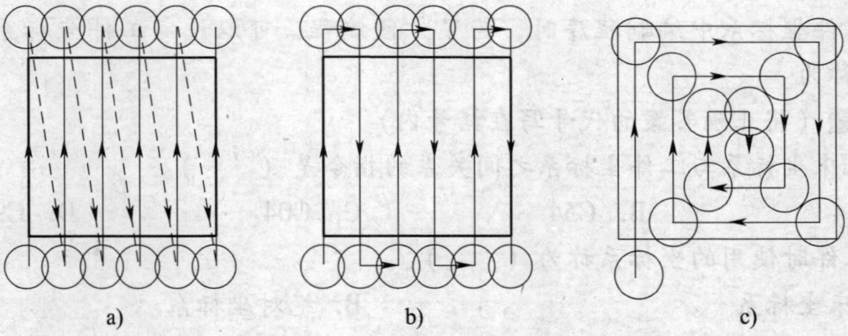

图 2—9　加工方法

a）单向平行切削方法　b）往复平行切削方法　c）环切切削方法

粗加工最好选用往复切削路径。往复切削效果好，且空刀时间少。往复切削的行距可以达到刀具直径的 70%，而环切就达不到。为了避免出现接刀痕，每两刀之间要有一定量的重叠。

2. 刀位点与刀具中心运动轨迹

刀位点是代表刀具的实际中心在工件坐标系中所在位置的一个点。编程时用该点的运动来描述刀具的运动，该点运动所形成的轨迹称为刀具中心运动轨迹（编程轨迹）。在不使用刀具补偿功能编写程序时，刀具中心运动轨迹就是刀具上刀位点的实际运动轨迹。

在保证零件加工质量的前提下，尽量缩短加工路线，以提高生产率。

3. 合理选择切削用量

粗加工时，一般以提高生产率为主，但也应考虑经济性和加工成本。在机床、工件和刀具刚度允许的情况下，理论背吃刀量（切削深度）应等于加工余量，这是提高生产率的一个有效措施，但为了保证零件的加工精度和表面粗糙度，一般应留一定的余量进行精加工。精铣时加工余量不宜过小，否则会出现让刀或切削不到金属等现象。

练　习　题

一、判断题（正确的画“√”，错误的画“×”）

1. 用指令 G52 IP_，可以在工件坐标系（G54～G59）中设定局部坐标系。（　）

2. 在 FANUC 系统操作中，当电源接通时，自动选择 G55 坐标系。（　）

3. G54～G59 用于设定机床坐标系。（　）

4. 用 MDI 面板可设定 6 个工件坐标系 G54～G59。指定其中一个 G 代码，可以选择 6 个中的一个。（　）

5. 刀位点是代表刀具的实际中心在工件坐标系中所在位置的一个点。（　）

6. 粗加工最好选用单向平行切削路径，往复切削效果好，且空刀时间少。（　）

二、填空题（将正确答案写在横线上）

1. ________用来设定工件坐标系，使刀具上的点位于指定的坐标位置。

2. 建立机床坐标系与工件坐标系之间关系的指令是________。

3. G54～G59 用于选择________。

4. 当在工件坐标系中编制程序时，为了方便编程，可以设定工件坐标系的子坐标系，这个子坐标系称为________。

三、选择题（将正确答案的代号写在括号内）

1. 建立机床坐标系与工件坐标系之间关系的指令是（　）。

A. G34　　B. G54　　C. G04　　D. G94

2. 加工工件时使用的坐标系称为（　）。

A. 机床坐标系　　B. 绝对坐标系

C. 相对坐标系　　D. 工件坐标系

3. G54～G59 用于设定（　）。

A. 机床坐标系　　B. 绝对坐标系　　C. 工件坐标系　　D. 相对坐标系

4. 往复平行切削是（　）。

A. 刀具按环状走刀方式切削工件

B. 刀具以顺、逆铣混合方式切削工件

C. 刀具按不规则走刀方式切削工件

D. 刀具以单一的顺铣或逆铣方式切削工件

模块二　外轮廓零件的加工

◎知识技能要求

1. 掌握外轮廓的加工工艺。

2. 学会正确选用外轮廓加工的刀具及合理的切削用量。

3. 掌握外轮廓的编程方法。

4. 能独立操作数控加工中心，选择合理的铣削方法进行外轮廓铣削加工。

◎加工要求

在加工之前，首先仔细读图，图 2—10 为零件的外轮廓加工。掌握顺铣与逆铣的选择及精加工余量的确定。由于零件的外轮廓中包含圆弧部分，应注意刀具补偿功能的应用。

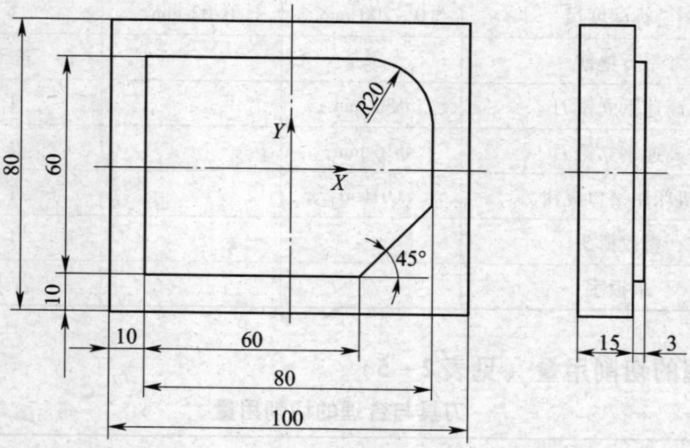

图 2—10　零件图

◎加工任务

在加工中心上加工如图 2—11 所示的零件，毛坯如图 2—11 所示，材料为 45 钢。

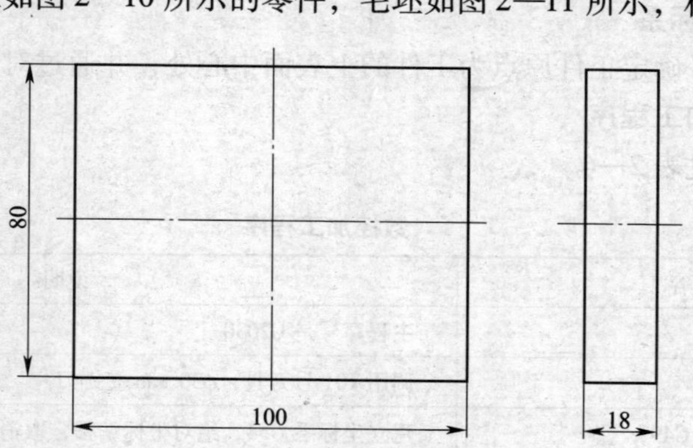

图 2—11　毛坯图

一、确定数控铣削加工工艺

1. 分析零件图

该零件主要加工两个台阶表面至图样尺寸。零件材料为 45 钢。无热处理和硬度要求。

2. 确定装夹方案

选用机床用平口虎钳装夹工件，并用百分表找正。

3. 加工路线

(1) 粗铣图样外轮廓。

(2) 留 0.4 mm 的余量。

(3) 调用刀具，精加工外轮廓，至图样尺寸。

4. 工具、量具、刃具清单（见表2—4）

表2—4　　工具、量具、刃具清单

序号	名称	规格	精度	数量	单位
1	Z轴设定器	50 mm	0.01 mm	1	个
2	游标卡尺	0~150 mm	0.02 mm	1	把
3	游标深度尺	0~200 mm	0.02 mm	1	把
4	平行垫铁			若干	个
5	高速钢立铣刀	ϕ30 mm		1	个
6	高速钢立铣刀	ϕ16 mm		1	个
7	机床用平口虎钳	QH160		1	个
8	塑胶榔头			1	个
9	呆扳手			若干	把

5. 刀具与合理的切削用量（见表2—5）

表2—5　　刀具与合理的切削用量

序号	刀具规格	工序内容	f（mm/min）	a_p（mm）	n（r/min）
T01	ϕ30 mm高速钢立铣刀	粗铣外轮廓	100	3	600
T02	ϕ16 mm高速钢立铣刀	精铣外轮廓	80	0.4	800

6. 设定工件坐标系

根据图样特点，确定工件原点为工件的上表面中心处，并通过对刀设定原点偏置G54。

二、编制数控加工程序

数控加工程序见表2—6。

表2—6　　数控加工程序

程序内容	说明
O2030；	主程序号是O2030
N10 T01 M06；	调用T01号刀具，ϕ30 mm立铣刀
N20 G54 G90 G40 G80 G49；	建立坐标系G54，绝对坐标编程，取消刀补
N30 M03 S600；	主轴正转，转速为600 r/min
N40 G43 G00 Z50 H01；	调用刀具长度补偿H01，移动到Z50处
N50 G00 X-80 Y-80；	刀具快速移动到X-80 Y-80
N60 G00 Z-3 M08；	刀具下刀至Z-3，切削液开
N70 G41 G00 X-40 Y-50 D01；	刀具半径左补偿，移动到X-40 Y-50处
N80 G01 Y30 F100；	粗加工外轮廓，留余量0.4 mm，切削速度为100 mm/min
N90 G01 X20；	
N100 G02 X40 Y10 R20；	
N110 G01 Y-10；	

续表

程序内容	说明
N120 G01 X20 Y－30；	
N130 G01 X－70；	
N140 G40 G01 X－80；	取消刀具半径补偿，移动到 X－80
N150 G00 Z50；	刀具抬到 Z50
N160 G49 G00 Z150；	取消刀具长度补偿，移动到 Z150 处
N170 M05；	主轴停转
N180 M09；	切削液关
N190 T02 M06；	调用 T02 号刀具
N200 M03 S800；	主轴正转，转速为 800 r/min
N210 G43 G00 Z50 H02；	调用刀具长度补偿 H02，移动到 Z50 处
N220 G00 X－70 Y－70；	刀具快速移动到 X－70 Y－70
N230 G00 Z－3 M08；	刀具快速下刀到 Z－3，切削液开
N240 G41 G00 X－40 Y－50 D02；	刀具半径补偿，移动到 X－40 Y－50
N250 G01 Y30 F80；	精加工外轮廓，切削速度为 80 mm/min
N260 G01 X20；	
N270 G02 X40 Y10 R20；	
N280 G01 Y－10；	
N290 G01 X20 Y－30；	
N300 G01 X－70；	
N310 G40 G01 X－80；	取消刀具半径补偿，移动到 X－80 处
N320 G00 Z50；	刀具快速抬至 Z50 处
N330 G49 G00 Z150；	取消刀具长度补偿，抬到 Z150 处
N340 M05；	主轴停转
N350 M30；	程序结束

◎加工知识

一、刀具半径补偿功能指令（G41、G42、G40）

指令格式：G00（或 G01）　G41（或 G42）　IP __ D __；

其中　G41：左侧刀具半径补偿；

　　　G42：右侧刀具半径补偿；

　　　IP __：指令坐标轴移动；

　　　D __：指定刀具半径补偿值的代码（1～3 位）；

　　　G40：刀具半径补偿取消。

指令应用：当刀具移动时，刀具轨迹可以偏移一个刀具半径。为了偏移一个刀具半径，CNC 首先建立长度等于刀具半径的偏置矢量（起刀点）。偏置矢量垂直于刀具轨迹。矢量的尾部在工件上，而头部指向刀具中心。

指令说明：

（1）G41 为刀具半径左补偿，即沿刀具进给方向看，刀具在工件左侧时的补偿。G42 为刀具半径右补偿，即沿刀具进给方向看，刀具在工件右侧时的补偿。

（2）D 代码指定刀具半径补偿号，赋给它一个数来指定刀具半径补偿值。这个数由地址 D 后的 1～3 位数组成（D 代码）。D 代码一直有效，直到指定另一个 D 代码。D 代码用于指定刀具偏置值以及刀具半径补偿值。

二、圆弧插补指令（G02、G03）

指令格式：

与 *XY* 平面圆弧同时移动

$$G17\begin{Bmatrix}G02\\G03\end{Bmatrix}\ X\_\ \ Y\_\ \ \begin{Bmatrix}I\_\ \ J\_\\R\_\end{Bmatrix}F\_\ ;$$

与 *ZX* 平面圆弧同时移动

$$G18\begin{Bmatrix}G02\\G03\end{Bmatrix}\ X\_\ \ Z\_\ \ \begin{Bmatrix}I\_\ \ K\_\\R\_\end{Bmatrix}F\_\ ;$$

与 *YZ* 平面圆弧同时移动

$$G19\begin{Bmatrix}G02\\G03\end{Bmatrix}\ Y\_\ \ Z\_\ \ \begin{Bmatrix}J\_\ \ K\_\\R\_\end{Bmatrix}F\_\ ;$$

指令说明：

（1）圆弧插补的方向。在直角坐标系中，当从 *Z* 轴（*Y* 轴或 *X* 轴）由正到负的方向看 *XY* 平面时，*XY* 平面（*ZX* 平面或 *YZ* 平面）的“顺时针”（G02）和“逆时针”（G03）的方向，圆弧插补的方向参看图 2—12。

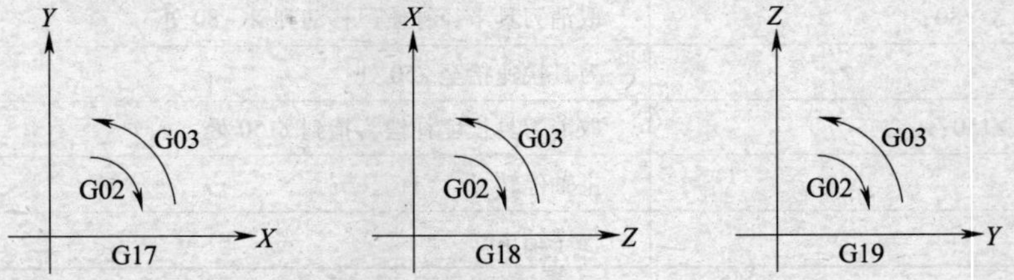

图 2—12　圆弧插补的方向

（2）圆弧上的移动距。用地址 X、Y 或 Z 指定圆弧的终点，并且根据 G90 或 G91 用绝对值或增量值表示。若为增量值指定，则该值为从圆弧起点向终点方向的距离。

（3）从起点到圆弧中心的距离。用地址 I、J 和 K 分别指令 X、Y 和 Z 轴的圆弧中心位置。I、J 或 K 后的数值是从起点向圆弧中心方向的矢量分量，并且不管指定 G90 还是指定 G91 总为增量值，I、J 和 K 必须根据方向指定其符号，与原轴方向相同为正，相反为负。

（4）圆弧半径。在圆弧和包含该圆弧的圆的圆心之间的距离能用圆半径 R 指定，以代替 I、J 和 K。在这种情况下，可以认为，一个圆弧小于 180°，而另一个大于 180°。当指定超过 180°的圆弧时，半径必须用负值指定。如果 X、Y 和 Z 全都省略，即终点和起点位于相同位置，且不指定 R 时，程序编制出的圆弧为 0°。

三、刀具长度偏置（G43、G44、G49）

指令格式：

G43 Z_ H_；

G44 Z_ H_；

G49；或 G49 H0；　　　　（刀具长度偏置取消）

指令应用：将编程时的刀具长度和实际使用的刀具长度之差设定于刀具偏置存储器中。用该功能补偿这个差值而不用修改程序。

指令说明：用 G43 或 G44 指定偏置方向。由输入的相应地址号（H 代码），从偏置存储器中选择刀具长度偏置值。刀具长度偏置如图 2—13 所示。

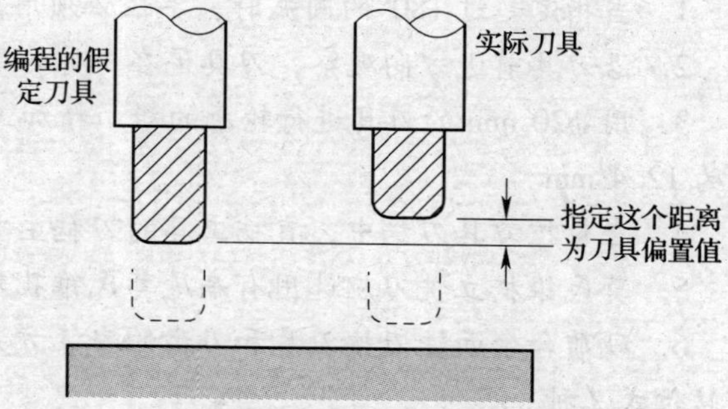

图 2—13　刀具长度偏置

四、铣削工艺分析

1. 数控刀具刀柄的选择

（1）直柄工具的刀柄。此类刀柄主要有立铣刀和弹簧夹头刀柄。立铣刀刀柄的定位精度好、刚度大，能夹持相应规格的直柄立铣刀和其他直柄工具；弹簧夹头刀柄因有自动定心、自动消除偏摆等优点，在夹持小规格直柄工具时被广泛采用。

（2）各种铣刀刀柄。三面刃铣刀选用三面刃铣刀刀柄（SX）系列。可转位面铣刀选用套式立铣刀刀柄（XM）系列。应按铣刀的装刀孔直径来选取刀柄的规格。莫氏锥柄立铣刀应选用无扁尾莫氏锥孔刀柄（MW）系列。

（3）钻孔工具刀柄。主要有钻夹头刀柄，配上相应的钻夹头，可夹持直柄钻头、中心钻等。莫氏锥柄钻头可选用带扁尾莫氏锥孔刀柄。套式扩孔钻选用套扩、铰刀柄。

（4）攻螺纹工具刀柄。主要选用攻螺纹夹头，它由攻螺纹夹头刀柄和攻螺纹夹套两部分组成。

2. 铣刀的种类及选择

铣刀种类很多，下面介绍几种在数控机床上常用的铣刀。

（1）面铣刀。面铣刀的圆周表面和端面上都有切削刃，端面切削刃为副切削刃。面铣刀多制成套式镶齿结构，刀齿材料为高速钢或硬质合金，刀体材料为 40Cr。

高速钢面铣刀按国家标准规定，直径 $d=80\sim250$ mm，螺旋角 $\beta=10^\circ$，刀齿数 $z=10\sim20$。

硬质合金面铣刀与高速钢面铣刀相比，铣削速度较高，加工效率高，加工表面质量也较好，并可加工带有硬皮和淬硬层的工件，故得到广泛应用。硬质合金面铣刀按刀片和刀齿的安装方式不同，可分为整体焊接式、机夹焊接式和可转位式三种。

由于整体焊接式和机夹焊接式面铣刀难以保证焊接质量，刀具使用寿命短，重磨较费时，目前已逐渐被可转位式面铣刀取代。

可转位式面铣刀要求刀片定位精度高、夹紧可靠、排屑容易、更换刀片迅速等，同时各定位、夹紧元件通用性要好，制造要方便，并且应经久耐用。

（2）立铣刀。立铣刀是数控机床上用得最多的一种铣刀，立铣刀的圆柱表面和端面上都有切削刃，它们可同时进行切削，也可单独进行切削。

练 习 题

一、判断题（正确的画“√”，错误的画“×”）

1．当指定超过180°的圆弧时，半径必须用正值指定。（ ）

2．沿刀具前进方向观察，刀具偏在工件轮廓的左边是G41。（ ）

3．用ϕ20 mm的刀具进行轮廓的粗、精加工，要求加工余量为0.4 mm，则粗加工偏移量为12.4 mm。（ ）

4．在数控刀具刀柄中，直柄工具的刀柄主要有立铣刀和弹簧夹头刀柄。（ ）

5．莫氏锥柄立铣刀应选用有扁尾莫氏锥孔刀柄。（ ）

6．硬质合金面铣刀按刀片和刀齿的安装方式不同，可分为整体焊接式、机夹焊接式和可转位式三种。（ ）

二、填空题（将正确答案写在横线上）

1．沿刀具前进方向观察，刀具偏在工件轮廓的左边是________。

2．圆弧半径在圆弧和包含该圆弧的圆的圆心之间的距离能用圆半径R指定，以代替I、J和K。在这种情况下，可以认为，一个圆弧小于180°，而另一个大于180°。当指定超过180°的圆弧时，半径必须用________指定。如果X、Y和Z全都省略，即终点和起点位于相同位置，并且指定R时，程序编制出的圆弧为________。

3．莫氏锥柄钻头可选用________。

4．硬质合金面铣刀与高速钢铣刀相比，铣削速度________，加工效率________，加工表面质量也________，并可加工带有硬皮和淬硬层的工件，故得到广泛应用。

5．________是数控机床上用得最多的一种铣刀，它的圆柱表面和端面上都有切削刃，它们可同时进行切削，也可单独进行切削。

三、选择题（将正确答案的代号写在括号内）

1．________，即沿刀具进给方向看，刀具在工件右侧时的补偿。

A．G41为刀具半径右补偿　　B．G42为刀具半径右补偿

C．G42为刀具半径左补偿　　D．G41为刀具半径左补偿

2．高速钢面铣刀按国家标准规定，直径$d=80\sim250$ mm，螺旋角$\beta=$________，刀齿数$z=10\sim20$。

A．10°　　B．20°

C．30°　　D．40°

3．用ϕ20 mm的刀具进行轮廓的粗、精加工，要求加工余量为0.4 mm，则粗加工偏移量为________mm。

A．12.4　　B．11.6

C．6.4　　D．6.2

4．沿刀具前进方向观察，刀具偏在工件轮廓的左边是________。

A．G40　　B．G41

C．G42　　D．G43

模块三　内轮廓零件的加工

◎知识技能要求

1. 掌握内轮廓的基本加工工艺。
2. 掌握内轮廓的编程方法。
3. 能确定铣削内轮廓的路线。
4. 能独立操作加工中心，根据编写的程序加工工件。

◎加工要求

在加工之前，首先要看懂图样，图2—14为内轮廓零件的加工。根据内轮廓零件的加工工艺确定出内轮廓部分的加工路线。合理地选择刀具、夹具及切削用量，然后编制出合理的加工程序。

◎加工任务

在加工中心上加工如图2—14所示的零件，毛坯如图2—15所示，材料为45钢。

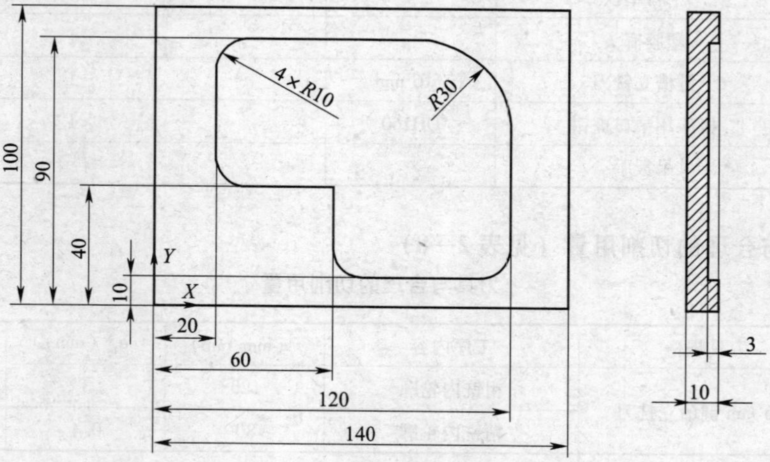

图2—14　零件图

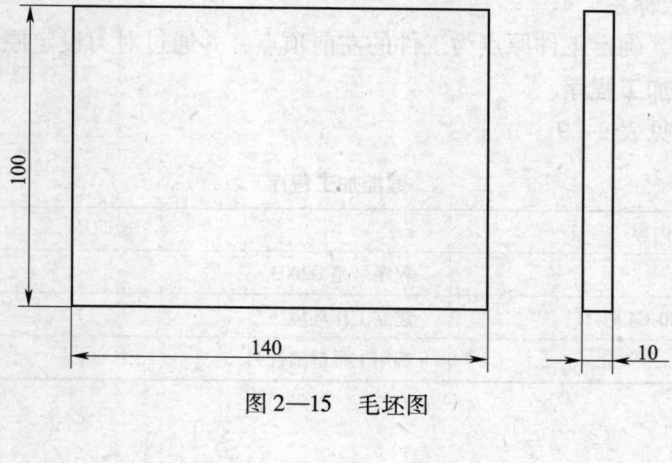

图2—15　毛坯图

一、确定数控加工中心加工工艺

1. 分析零件图

该零件由长方体及内轮廓组成。零件材料为45钢。尺寸标注完整，轮廓描述清楚。无热处理和硬度要求。

2. 确定装夹方案

选用机床用平口虎钳装夹工件，并用百分表找正。

3. 加工路线

(1) 粗铣内轮廓。

(2) 留0.4 mm的余量。

(3) 调用刀具，精加工内轮廓，至图样尺寸。

4. 工具、量具、刃具清单（见表2—7）

表2—7　工具、量具、刃具清单

序号	名称	规格	精度	数量	单位
1	Z轴设定器	50 mm	0.01 mm	1	个
2	游标卡尺	0~150 mm	0.02 mm	1	把
3	游标深度尺	0~200 mm	0.02 mm	1	把
4	平行垫铁			若干	个
5	塑胶榔头			1	个
6	键槽立铣刀	ϕ16 mm		1	个
7	机床用平口虎钳	QH160		1	个
8	呆扳手			若干	把

5. 刀具与合理的切削用量（见表2—8）

表2—8　刀具与合理的切削用量

序号	刀具规格	工序内容	f (mm/min)	a_p (mm)	n (r/min)
T01	ϕ16 mm键槽立铣刀	粗铣内轮廓	120	3	600
		精铣内轮廓	80	0.4	800

6. 设定工件坐标系

根据图样特点，确定工件原点为工件的左前顶点，并通过对刀设定原点偏置G54。

二、编制数控加工程序

数控加工程序见表2—9。

表2—9　数控加工程序

程序内容	说明
O2003;	程序号是O2003
N10 G17 G90 G40 G80 G49 G21;	建立工作环境
N20 T01 M06;	调用1号键槽铣刀

续表

程序内容	说明
N30 S600 M03;	主轴正转，转速是 600 r/min
N40 G00 X90 Y60;	刀具快速移动到 X90 Y60
N50 G00 Z15;	刀具接近工件 Z15
N60 M08;	切削液开
N70 G01 Z－3 F30;	刀具下刀到 Z－3 处，进给量为 30 mm/min
N80 G41 G01 X70 Y50 D01 F120;	调用刀具半径左补偿，移到 X70 Y50 处
N90 G01 X70 Y20;	粗加工内轮廓，留加工余量 0.4 mm
N100 G01 X110 Y20;	
N110 G01 X110 Y60;	
N120 G03 X90 Y80 R20;	
N130 G01 X30 Y80;	
N140 G01 X30 Y50;	
N150 M03 S800;	
N160 G01 X60 Y40 F80;	精加工内轮廓，进给量为 80 mm/min
N170 G01 X60 Y20;	
N180 G03 X70 Y10 R10;	
N190 G01 X110 Y10;	
N200 G03 X120 Y20 R10;	
N210 G01 X120 Y60;	
N220 G03 X90 Y90 R30;	
N230 G01 X30 Y90;	
N240 G03 X20 Y80 R10;	
N250 G01 X20 Y50;	
N260 G03 X30 Y40 R10;	
N270 G01 X60 Y40;	
N280 G40 G01 X90 Y60;	取消刀具半径补偿，移动到 X90 Y60 处
N290 G00 Z50;	快速抬刀到 Z50 处
N300 M05;	主轴停转
N310 M30;	程序结束

◎加工知识

一、子程序（M98、M99）

程序分为主程序和子程序。在正常情况下，数控机床是按主程序的指令工作的。在程序中把某些固定顺序或重复出现的程序单独抽出来，编成一个程序供调用，这个程序就是子程序。

指令格式：

M98　P△△△ ××××；

被调用的子程序号（程序号前面的0不可以省略）

子程序被重复调用的次数。如省略则默认调用1次，最多可调用999次

M99;

指令应用：如果程序包含固定的顺序或多次重复的模式程序，这样的顺序或模式程序可以编成子程序在存储器中储存以简化编程。

指令说明：

（1）程序可以由主程序调用。

（2）被调用的子程序也可以调用另一个子程序。

（3）当主程序调用子程序时，它被认为是一级子程序。子程序调用可以嵌套 4 级，子程序嵌套如图 2—16 所示。

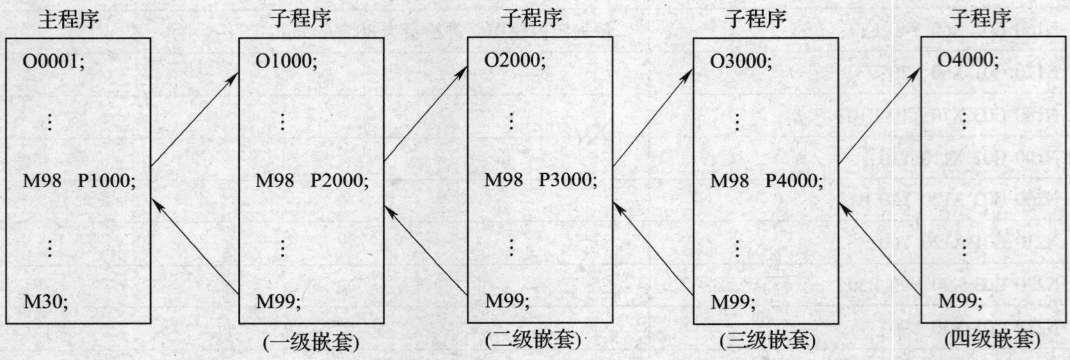

图 2—16　子程序嵌套

编程举例：

主程序名

O0001　;
N10 …　;
N20 …　;
N30 M98 P21000；
N40 …　;
N50 …　;

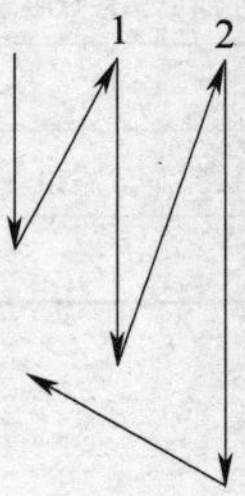

子程序名（一级嵌套）

O1000;
N1010 …　;
N1020 M98 P2000;
N1030 …　;
N1040 …　;
N1050 … M99　;

子程序名（二级嵌套）

O2000;
N2010 …　;
N2020 …　;
N2030 …　;
N2040 …　;
N2050 … M99;

二、铣削工艺分析

铣削封闭的内轮廓表面时，同铣削外轮廓一样，刀具同样不能沿零件外轮廓的法向切入和切出。此时，刀具可以沿一过渡圆弧切入和切出工件轮廓。图 2—17 所示为铣削内圆的进给路线。

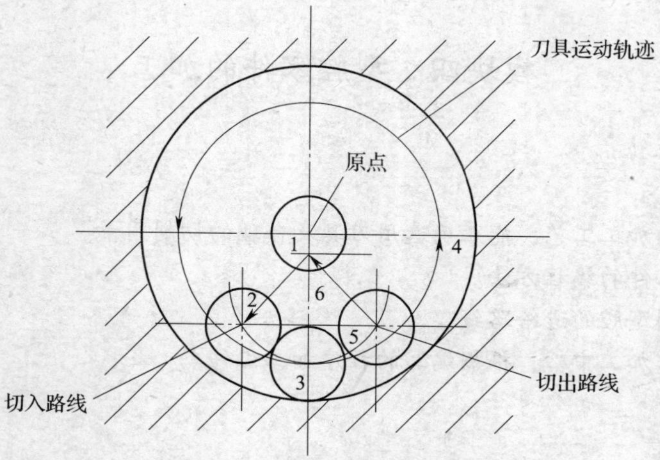

图 2—17　铣削内圆的进给路线

练　习　题

一、判断题（正确的画“√”，错误的画“×”）

1. 在正常情况下，数控机床是按子程序的指令工作的。（　　）
2. 被调用的子程序号，程序号前面的 O 不可以省略。（　　）
3. 子程序可以被重复调用。（　　）
4. 子程序调用可以嵌套 8 级。（　　）
5. 铣削封闭的内轮廓表面时，刀具可以沿一过渡圆弧切入和切出工件轮廓。（　　）

二、填空题（将正确答案写在横线上）

1. 程序分为________和________。
2. 子程序最多可以调用________次。
3. 当主程序调用子程序时，它被认为是________。
4. 铣削封闭的内轮廓表面时，刀具________沿零件外轮廓的法向切入和切出。

三、选择题（将正确答案的代号写在括号内）

1. 在程序段 M98 P021024；中调用的子程序号是 O（　　）。

　A. 0210　　B. 2102　　C. 0210　　D. 1024

2. 在程序段 M98 P021024；中调用（　　）次子程序。

　A. 21　　B. 24　　C. 2　　D. 4

3. 子程序结束最后一段程序应为（　　）。

　A. M98　　B. M99　　C. M16　　D. M17

四、名词解释

子程序

模块四　型腔零件的加工

◎知识技能要求

1. 掌握型腔的加工工艺，能正确选用刀具及合理的切削用量。
2. 掌握型腔零件的编程方法。
3. 能确定铣削型腔的进给路线。
4. 能独立操作加工中心，根据编写的程序加工工件。

◎加工要求

在加工之前，首先要看懂图样，图 2—18 为型腔类零件的加工。合理地选择刀具、夹具及切削用量，根据铣削型腔的加工方法确定走刀路线，然后编制出合理的加工程序。

◎加工任务

在数控加工中心上加工如图 2—19 所示的零件，毛坯如图 2—19 所示，材料为 45 钢。

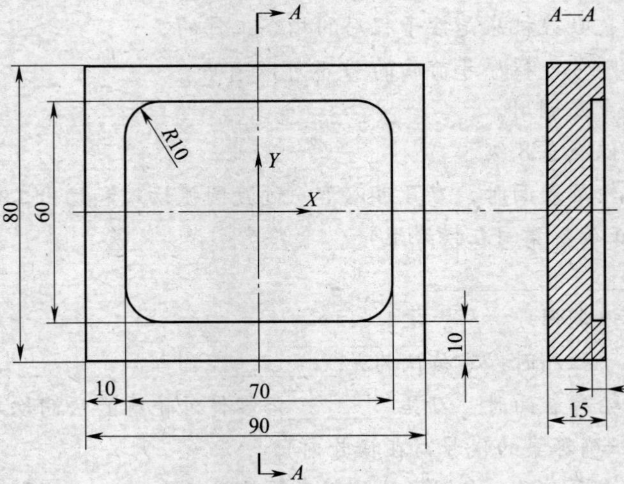

图 2—18　零件图

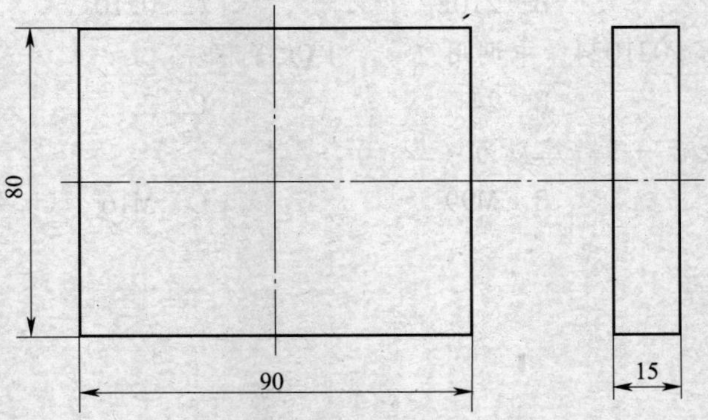

图 2—19　毛坯图

一、确定数控铣削加工工艺

1. 分析零件图

该零件主要加工型腔至图样尺寸，零件材料为45钢。无热处理和硬度要求。

2. 确定装夹方案

选用机床用平口虎钳装夹工件，并用百分表找正。

3. 加工路线

（1）ϕ20 mm 键槽铣刀粗加工三次型腔。

（2）粗加工第三次留 0.4 mm 余量。

（3）ϕ16 mm 键槽铣刀精加工型腔。

4. 工具、量具、刃具清单（见表 2—10）

表 2—10　　工具、量具、刃具清单

序号	名称	规格	精度	数量	单位
1	Z 轴设定器	50 mm	0.01 mm	1	个
2	游标卡尺	0～150 mm	0.02 mm	1	把
3	游标深度尺	0～200 mm	0.02 mm	1	把
4	平行垫铁			若干	个
5	键槽铣刀	ϕ20 mm		1	个
6	键槽铣刀	ϕ16 mm		1	个
7	机床用平口虎钳	QH160		1	个
8	塑胶榔头			1	个
9	呆扳手			若干	把

5. 刀具与合理的切削用量（见表 2—11）

表 2—11　　刀具与合理的切削用量

序号	刀具规格	工序内容	f（mm/min）	a_p（mm）	n（r/min）
T01	ϕ20 mm 键槽铣刀	粗加工三周型腔	100	3.2	600
T02	ϕ16 mm 键槽铣刀	精加工型腔	50	0.4	800

6. 设定工件坐标系

根据图样特点，确定工件原点为工件的上表面中心，并通过对刀设定原点偏置 G54。

二、编制数控加工程序

数控加工程序见表 2—12。

表 2—12　　数控加工程序

程序内容	说明
O2020；	主程序号是 O2020
N10 T01 M06；	调用 T01 号刀具
N20 G54 G90 G50 G80 G49；	绝对坐标编程，建立工件环境

续表

程序内容	说明
N30 M03 S600；	主轴正转，转速为 600 r/min
N40 G43 G00 Z50 H01；	调用刀具长度补偿 H01，快速移动到 Z50 处
N45 G00 X0 Y0；	刀具快速移动到 X0 Y0 处
N50 G00 Z2；	刀具移至 Z2 处
N60 G01 Z－3 F50；	刀具下刀到 Z－3，进给量为 50 mm/min
N70 G41 G01 X20 Y15 D01 F100；	调用刀具半径左补偿，刀具移动到 X20 Y15 处，进给量为 100 mm/min
N80 G01 X－20；	粗加工型腔一周
N90 G01 Y－15；	
N100 G01 X20；	
N110 G01 Y15；	
N120 G01 X27.5 Y22.5；	
N130 G01 X－27.5；	粗加工型腔第二周
N140 G01 Y－22.5；	
N150 G01 X27.5；	
N160 G01 Y22.5；	
N170 G01 X25 Y30；	
N180 G01 X－25；	
N190 G03 X－35 Y20 R10；	粗加工型腔第三周，留加工余量 0.4 mm
N200 G01 Y－20；	
N210 G03 X－25 Y－30 R10；	
N220 G01 X25；	
N230 G03 X35 Y－20 R10；	
N240 G01 Y20；	
N250 G03 X25 Y30 R10；	
N260 G40 G01 X0 Y0；	取消刀具半径补偿，并移动到 X0 Y0
N270 G00 Z50；	刀具抬刀至 Z50
N280 G49 G00 Z150；	取消刀具长度补偿，并快速抬到 Z150 处
N290 M05；	主轴停转
N300 M09；	切削液关
N310 M19；	主轴准停
N320 T02 M06；	调用 T02 号刀具
N330 M03 S800；	主轴正转，转速为 800 r/min
N340 G43 G00 Z50 H02；	调用刀具长度补偿，移动到 Z50 处
N350 G00 X0 Y0；	刀具快速移动到 X0 Y0
N360 G00 Z2；	刀具移至 Z2 处
N370 G01 Z－3 F50；	刀具下刀至 Z－3，进给量为 50 mm/min

续表

程序内容	说明
N380 G41 G01 X－20 Y0 D02；	调用刀具半径左补偿，移动到 X－20 Y0 处
N390 G01 X0 Y0；	刀具移动到 X0 Y0
N400 G03 X0 Y30 R15；	圆弧切入型腔
N410 G01 X－25；	精加工型腔
N420 G03 X－35 Y20 R10；	
N430 G01 Y－20；	
N440 G03 X－25 Y－30 R10；	
N450 G01 X25；	
N460 G03 X35 Y－20 R10；	
N470 G01 Y20；	
N480 G03 X25 Y30 R10；	
N490 G01 X0 Y30；	
N500 G03 X0 Y0 R15；	圆弧切出型腔
N510 G40 G01 X－20 Y0；	取消刀具半径补偿，移动到 X－20 Y0
N520 G00 Z50；	刀具快速抬刀到 Z50
N530 G49 G00 Z150；	取消刀具长度补偿，抬到 Z150 处
N540 M05；	主轴停转
N550 M30；	程序结束

◎加工知识

一、螺旋插补（G02、G03）

螺旋线插补是指通过指定最多 2 个非圆弧插补轴与其他圆弧插补轴同步移动，形成螺旋移动轨迹，刀具轨迹如图 2—20 所示。

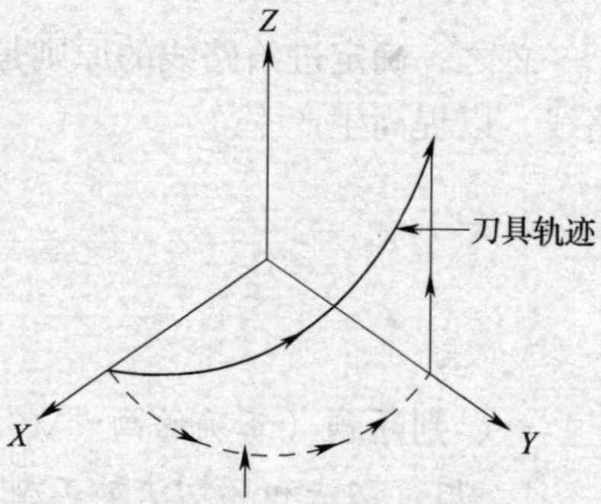

图 2—20　刀具轨迹

格式：

与 *XY* 平面圆弧同时移动

$$G17\begin{Bmatrix}G02\\G03\end{Bmatrix}\ X\_\ Y\_\ \begin{Bmatrix}I\_\ J\_\\R\_\end{Bmatrix}\alpha\_\ (\beta\_)\ F\_;$$

与 *ZX* 平面圆弧同时移动

$$G18\begin{Bmatrix}G02\\G03\end{Bmatrix}\ X\_\ Z\_\ \begin{Bmatrix}I\_\ K\_\\R\_\end{Bmatrix}\alpha\_\ (\beta\_)\ F\_;$$

与 *YZ* 平面圆弧同时移动

$$G19\begin{Bmatrix}G02\\G03\end{Bmatrix}\ Y\_\ Z\_\ \begin{Bmatrix}J\_\ K\_\\R\_\end{Bmatrix}\alpha\_\ (\beta\_)\ F\_;$$

α、β：非圆弧插补的任意一个轴。最多能指定两个其他轴。

说明：指令方法只是简单地加上一个或两个非圆弧插补轴的移动轴。F 指令指定沿圆弧的进给速度。因此，直线轴的进给速度如下：

$$F\times\frac{直线轴的长度}{圆弧的长度}$$

确定直线轴的进给速度不超过任何限制值。参数 No. 1404#0（HFC）用于防止直线进给速度超过各种限制值。

二、铣削工艺分析

铣削型腔的进给路线如图 2—21 所示。

所谓型腔是指以封闭曲线为边界的平底凹槽。这种凹槽一律用平底立铣刀加工。刀具圆角半径应同型腔圆角相对应。图 2—21a 和图 2—21b 分别为用行切法和环切法加工型腔的进给路线示意图。两种路线的共同点是都能切净内腔中的全部面积，不留死角，不伤轮廓，同时能尽量减少重复进给的搭接量。不同点是行切法的进给路线比环切法短，但行切法会在每两次进给的起点与终点留下残留面积，而达不到所要求的表面粗糙度，用环切法获得的表面质量要好于行切法，但环切法需要逐次向外扩展轮廓线，刀位点计算稍微复杂一些。综合行切法、环切法的优点，采用图 2—21c 所示的进给路线，即先用行切法去除中间部分余量，最后用环切法切最后一刀，这样既能使总的进给路线较短，又能获得较好的表面质量。

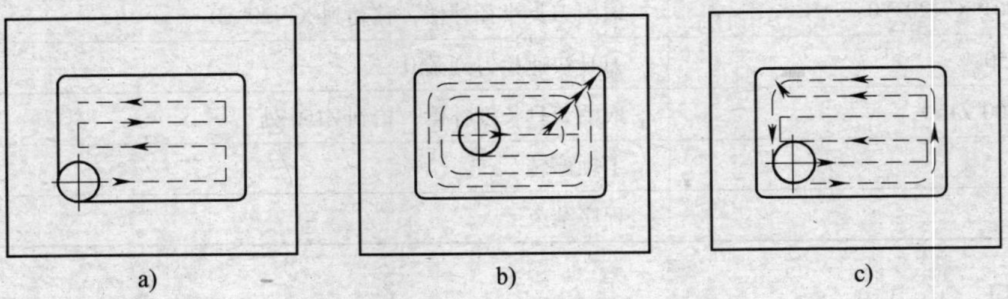

图 2—21　铣削型腔的三种进给路线

总之，确定进给路线的原则是在保证零件加工精度和表面质量的前提下，尽量缩短进给路线，以提高生产率。

练　习　题

一、判断题（正确的画“√”，错误的画“×”）

1. 用行切法和环切法加工型腔的共同点是进给路线较短。（　）

2. 铣削型腔时用环切法获得的表面粗糙度要好于行切法。（　）

3. 确定进给路线的原则是在保证零件加工精度和表面质量的前提下，尽量缩短进给路线，以提高生产率。（　）

二、填空题（将正确答案写在横线上）

1. 螺旋线插补是指通过指定最多________个非圆弧插补轴与其他圆弧插补轴同步移动，形成螺旋移动轨迹。

2. 所谓________是指以封闭曲线为边界的平底凹槽。

模块五　槽类零件的加工

◎知识技能要求

1. 掌握槽类零件的加工方法。
2. 掌握槽类零件的编程方法。
3. 能独立操作加工中心，根据编写的程序加工工件。

◎加工要求

在加工之前，首先仔细读图，图 2—22 为圆头槽零件的加工。根据图样的工艺要求，选择合适的刀具，合理地选择槽类零件切削用量，安排工艺过程，然后编制加工程序。

◎加工任务

在数控加工中心上，加工如图 2—22 所示的零件。毛坯如图 2—23 所示。

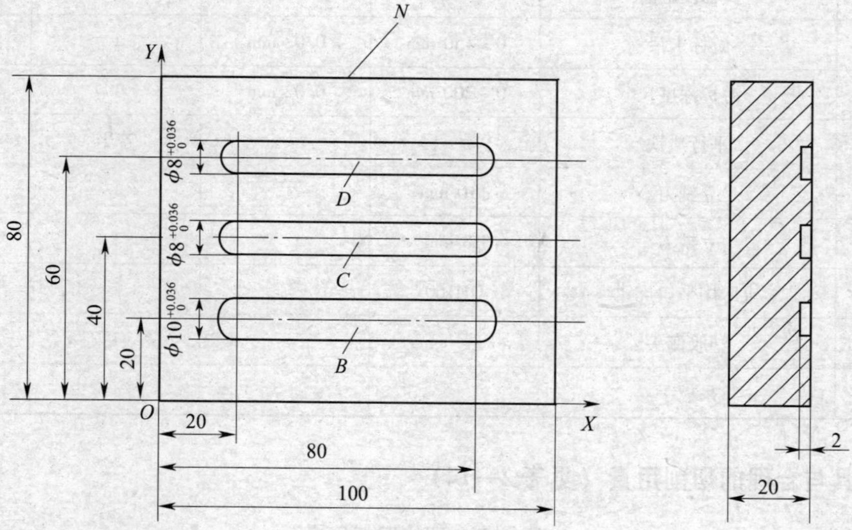

图 2—22　零件图

一、确定数控铣削加工工艺

1. 分析零件图

该零件表面由 3 个圆头槽组成，零件材料为 45 钢。尺寸标注完整，轮廓描述清楚。无热处理和硬度要求。

2. 确定装夹方案

选用机床用平口虎钳装夹工件，底部用垫铁垫起，伸出钳口 6 ~ 8 mm，并用百分表找正。

3. 加工路线

沿槽的轨迹进行加工。

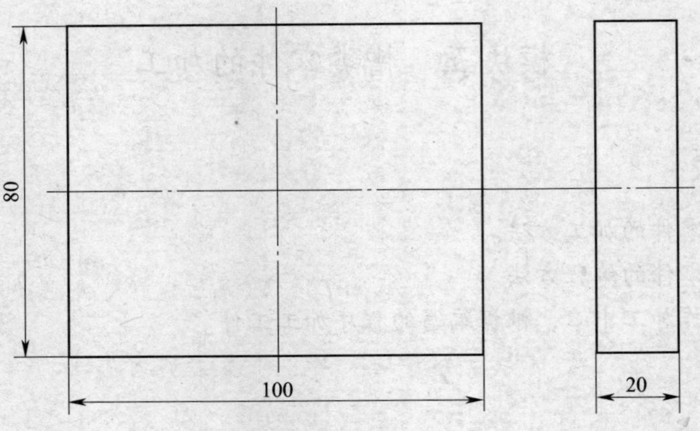

图 2—23　毛坯图

4. 工具、量具、刃具清单（见表 2—13）

表 2—13　工具、量具、刃具清单

序号	名称	规格	精度	数量	单位
1	Z 轴设定器	50 mm	0.01 mm	1	个
2	游标卡尺	0～150 mm	0.02 mm	1	把
3	游标深度尺	0～200 mm	0.02 mm	1	把
4	平行垫铁			若干	个
5	立铣刀	ϕ10 mm		1	个
6	立铣刀	ϕ8 mm		1	个
7	机床用平口虎钳	QH160		1	个
8	塑胶榔头			1	个
9	呆扳手			若干	把

5. 刀具与合理的切削用量（见表 2—14）

表 2—14　刀具与合理的切削用量

序号	刀具规格	工序内容	f（mm/min）	a_p（mm）	n（r/min）	刀具长度补偿（mm）	刀具半径补偿（mm）
T01	ϕ10 mm 立铣刀	沿槽的轨迹进行加工	150	2	1 500	5	5
T02	ϕ8 mm 立铣刀	沿槽的轨迹进行加工	150	2	1 500	6	4

6. 设定工件坐标系

根据图样特点，确定工件的左前顶点为工件原点，并通过对刀设定原点偏置 G54。

二、编制数控加工程序

数控加工程序见表 2—15。

表 2—15　　　　　　　　　　　　数控加工程序

程序内容	说明
O2020；	程序号
N10 T01 M06；	调用 1 号刀具
N20 G54 G00 X0 Y0 Z20；	建立工件坐标系，刀具快速移动到（0，0，20）
N30 G43 G00 Z20 H01；	进刀至 O 点上方 20 mm，建立 1 号刀补
N40 G00 X20 Y20 Z2；	进刀至 B 槽上方
N50 M03 S1500；	主轴正转
N60 G01 Z－2 F150；	切削下刀－2 mm
N70 X80；	铣 B 槽
N90 G49 G00 Z100 M05；	取消 1 号刀补，退至 B 槽上方 100 mm 处，主轴停
N100 M19；	主轴准停
N105 T02 M06；	装 2 号刀
N110 G43 G00 Z20 H02；	进刀至工件上方 20 mm，建立 2 号刀补
N120 G00 X20 Y40 Z2；	进刀至 C 槽上方
N130 M03 S1500；	主轴正转
N140 G01 Z－2 F150；	切削下刀－2 mm
N150 X80；	铣 C 槽
N160 G01 Z2；	切削抬刀
N170 G00 X20 Y60；	进刀至 D 槽上方
N180 G01 Z－2 F150；	切削下刀－2 mm
N190 X80；	铣 D 槽
N200 G49 G00 Z100 M05；	退至 D 槽上方 100 mm 处，取消 2 号刀补
N210 M30；	程序结束

◎加工知识

一、槽类零件切削参数的选择

切削用量包括主轴转速（切削速度）、背吃刀量及进给量。对于不同的加工方法，需要选择不同的切削用量，并应编入程序单。

合理选择切削用量的原则是：粗加工时，一般以提高生产率为主，但也应考虑经济性和加工成本，半精加工和精加工时，应在保证加工质量的前提下，兼顾切削效率、经济性和加工成本，具体数值应根据机床说明书、切削用量手册，并结合实际经验确定。

1. 背吃刀量 a_p（mm）

背吃刀量主要根据机床、夹具、刀具和工件的刚度来决定。在工艺系统刚度允许的情况下尽可能使 a_p 的值大一些，以减少走刀次数；最好一次切净余量，以便提高生产效率。在有较小表面粗糙度值和较高加工精度要求的工序，应根据这种要求选择最后一道工序的加工余量；在数控机床上，精加工余量可小于普通机床，一般取 a_p 为 0.2～0.5 mm。

2. 主轴转速 n（r/min）

主轴转速主要根据允许的切削速度 v 选取。

$$n = 1\,000v/(\pi D)$$

式中 v——切削速度，m/min；

D—— 工件或刀具直径，mm。

从理论上讲，v 值越大越好，因为这不仅可以提高生产率，而且可以避开生成积屑瘤的临界速度，获得较小的表面粗糙度值。但实际上要根据刀具的材料、机床的情况选择合理的切削速度，例如，德国山特维克公司的 $\phi32$ mm 机夹立铣刀切削参数：端铣 v 为 220 ~ 250 m/min，单齿进给量为 0.09 ~ 0.15 mm/r。

3. 进给量（进给速度）f（mm/min 或 mm/r）

进给量是数控机床切削用量中的重要参数，主要根据零件的加工精度和表面粗糙度要求以及刀具、工件的材料性质选取。当加工精度、表面粗糙度要求很高时，进给量数值应选小些，一般在 20 ~ 50 mm/min 范围内选取。最大进给量则受机床刚度和进给系统的性能限制，并与脉冲当量有关。计算进给量的公式如下：

$$f = nZt$$

式中 n——主轴转速，r/min；

Z——铣刀齿数；

t——每齿进给量，mm/min 或 mm/r。

二、2.5 维典型零件的加工方法

2.5 维典型零件的编程方法通常有自动编程法、宏程序法和手工编程法等。

1. 自动编程法

由于计算机技术的发展及编程软件的普及，典型曲面和复合曲面零件的编程多采用计算机自动编程方法完成。其编程思路为首先构造零件的三维线框，再构造曲面形状，完成图形设计工作，随后在曲面造型的基础上产生加工刀具路径，最后经过处理产生加工所用的三维程序。行切法的加工效率及进给方式比较有利于三维曲面的加工。

2. 宏程序法

宏程序的编程加工，一般是采用厂方所提供的宏程序（或用户自行开发的宏程序），通过对变量进行赋值及处理完成程序的加工任务。如用宏程序加工圆锥体时，用户只需将圆锥体的底圆半径、圆锥高、刀具参数和加工参数赋值到变量中去，即可完成圆锥体的编程加工。

3. 手工编程法

手工编制 2.5 维曲面的加工程序时，应计算出行切法中所需的节点坐标值；每一层编制该层刀具轨迹，如用 G02（G03）或 G01 指令进行平面编程，在该层的加工中充分利用刀补功能（G41），以减少计算的工作量；每层程序结束后，再沿 Z 轴给出每层的进给量，如此往复，直至各层的程序手工编制结束。该方法编程比较繁琐，计算工作量大，而且容易出错，在编制三维曲面程序时，尽量不要采用。

练 习 题

一、判断题（正确的画“√”，错误的画“×”）

1. 切削用量包括主轴转速（切削速度）、背吃刀量及进给量。 （ ）

2. 手工编制2.5维曲面的加工程序时，应计算出行切法中所需的节点坐标值。(　　)

3. 进给量是数控机床切削用量中的重要参数，主要根据零件的加工精度和表面粗糙度要求以及刀具、工件的材料性质选取。(　　)

二、填空题（将正确答案写在横线上）

1. ________主要根据机床、夹具、刀具和工件的刚度来决定。

2. 2.5维典型零件的编程方法通常有________、________和________等。

3. 背吃刀量 a_p 主要根据________、________、________和工件的________来决定。

三、选择题（将正确答案的代号写在括号内）

1. 典型曲面和复合曲面零件的编程多采用（　　）完成。

A. 计算机自动编程法　　B. 手工编程法

C. 宏程序编程法　　D. 行切法

2. 在数控机床上，精加工余量可小于普通机床，一般取 a_p 为（　　）mm。

A. 0.23 ~ 0.5　　B. 0.1 ~ 0.3

C. 0.2 ~ 0.5　　D. 0.3 ~ 1.0

3. 粗加工时，合理选择切削用量的原则是：（　　）。

A. 一切以提高生产率为主

B. 以提高生产率为主，考虑经济性和加工成本

C. 只考虑经济性和加工成本

D. 都不予考虑

四、简答题

简述合理选择切削用量的原则。

第三单元　孔系零件的加工

模块一　钻孔加工

◎知识技能要求

1. 掌握钻孔加工工艺。
2. 能正确选用钻孔的刀具、夹具。
3. 能合理选择切削用量。
4. 掌握钻孔加工固定循环指令编程。
5. 能编制深孔钻削加工程序。

◎加工要求

能够运用数控加工程序进行孔加工，并达到如下要求：尺寸公差等级达 IT7 级；形位公差等级达 IT8 级；表面粗糙度达 R_a3. 2 μm。

◎加工任务

在加工中心上加工如图 3—1 所示的零件，需加工 4 个 ϕ8H7 的孔和 2 个 ϕ12H7 的孔。毛坯如图 3—2 所示。

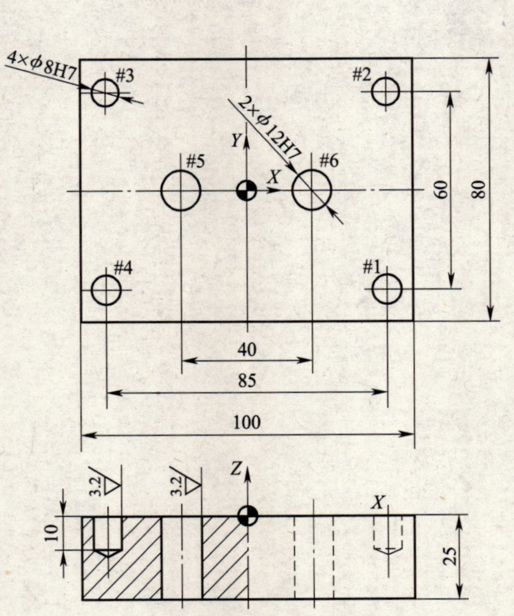

图 3—1　零件图

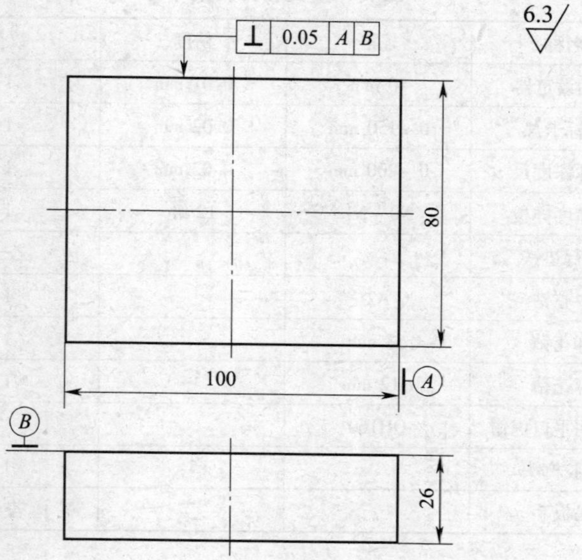

图 3—2　毛坯图

一、确定加工工艺

1. 分析零件图

该零件由不同尺寸的孔组成，有一定的尺寸精度和表面粗糙度等要求。零件材料为 45 钢。尺寸标注完整，轮廓描述清楚。无热处理和硬度要求。

根据图样分析，采取以下工艺措施：

（1）首先预钻各中心孔。

（2）可将 4 个 ϕ8 mm 孔直接进行钻削加工。

（3）2 个 ϕ12 mm 孔采用深孔排屑方式钻削加工。

2. 确定装夹方案

采用机床用平口虎钳装夹，底部用垫铁垫起。

3. 加工路线

钻 ϕ8H7 和 ϕ12H7 的孔，钻孔效果如图 3—3 所示。

（1）用中心钻钻 4 个 ϕ8H7 及 2 个 ϕ12H7 的中心孔。

（2）用 ϕ8 mm 的麻花钻先钻削右下角的#1孔，然后按逆时针顺序依次钻削#2、#3、#4 孔。

（3）用 ϕ12 mm 的麻花钻先钻削左侧的#5 孔，然后钻削右侧的#6 孔。

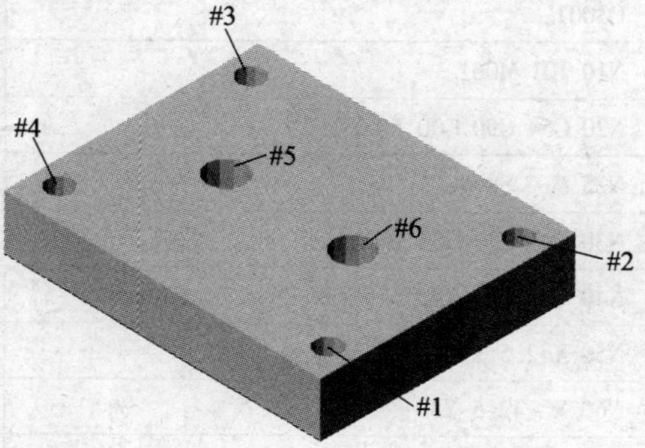

图 3—3　钻孔效果图

4. 工具、量具、刃具清单（见表3—1）

表3—1　　工具、量具、刃具清单

序号	名称	规格	精度	数量	单位
1	Z 轴设定器	50 mm	0.01 mm	1	个
2	游标卡尺	0 ~ 150 mm	0.02 mm	1	把
3	游标深度尺	0 ~ 200 mm	0.02 mm	1	把
4	粗糙度样板	N0 ~ N1	12 级	1	副
5	平行垫铁			若干	个
6	中心钻	A2		1	个
7	麻花钻	ϕ8 mm		1	个
8	麻花钻	ϕ12 mm		1	个
9	机床用平口虎钳	QH160		1	个
10	塑胶榔头			1	个
11	呆扳手			若干	把

5. 刀具与合理的切削用量（见表3—2）

表3—2　　刀具与合理的切削用量

序号	刀具规格	工序内容	f（mm/min）	a_p（mm）	n（r/min）
T01	A3 中心钻	钻 ϕ8H7 孔和 ϕ12H7 孔	60	—	800
T02	ϕ8 mm 麻花钻	钻 4 个 ϕ8H7 孔	70	—	600
T03	ϕ12 mm 麻花钻	钻 2 个 ϕ12H7 孔	60	—	500

二、编制数控加工程序

数控加工程序见表3—3。

表3—3　　数控加工程序

程序内容	说　明
O3001；	程序号是 O3001
N10 T01 M06；	调用 T01 号刀具
N20 G54 G90 G00 X0 Y0；	建立工件坐标系，绝对坐标编程，刀具快速移动到 X0 Y0 处
N25 M03 S800；	主轴正转，转速为 800 r/min
N30 G43 Z50 H01 M08；	调用刀具长度补偿 H01，刀具移至 Z50 处，切削液开
N40 G99 G81 X42.5 Y-30 Z-5 R3 F60；	调用中心钻钻孔循环指令，钻#1 中心孔
N50 X42.5 Y30；	钻#2 中心孔
N60 X-42.5 Y30；	钻#3 中心孔
N70 X-42.5 Y-30；	钻#4 中心孔
N80 X-20 Y0；	钻#5 中心孔
N90 X20 Y0；	钻#6 中心孔
N100 G80；	取消钻孔循环指令

续表

程序内容	说明
N110 G00 Z50 M09;	刀具抬刀到Z50处，切削液关
N120 G49 G00 Z100;	取消刀具长度补偿，快速移动到Z100处
N130 M05;	主轴停转
N140 T02 M06;	调用T02号刀具
N150 M03 S600;	主轴正转，转速为600 r/min
N160 G54 G90 G00 X0 Y0;	建立坐标系，绝对坐标编程，刀具快速移动到X0 Y0
N170 G43 G00 Z50 H02 M08;	调用刀具长度补偿H02，刀具快速移动到Z50处，切削液开
N180 G99 G73 X42.5 Y-30 Z-12.5 R3 Q5 F70;	调用钻孔循环指令，钻#1孔
N190 X42.5 Y30;	钻#2孔
N200 X-42.5 Y30;	钻#3孔
N210 X-42.5 Y-30;	钻#4孔
N220 G80;	取消钻孔循环指令
N230 G00 Z50;	刀具快速抬刀到Z50处
N240 G49 G00 Z100;	取消刀具长度补偿，刀具快速移动到Z100处
N250 M05 M09;	主轴停转，切削液关
N260 T03 M06;	调用T03号刀具
N270 M03 S500;	主轴正转，转速为500 r/min
N280 G54 G90 G00 X0 Y0;	建立工件坐标系，绝对坐标编程，刀具快速移动到X0 Y0
N290 G43 G00 Z50 H03 M08;	调用刀具长度补偿H03，快速移动到Z50处，切削液开
N300 G99 G83 X-20 Y0 Z-30 R3 Q3 F60;	调用钻孔循环指令，钻#5孔
N310 X20 Y0;	钻#6孔
N320 G80;	取消钻孔循环指令
N330 G00 Z50;	刀具快速抬刀到Z50处
N340 G49 G00 Z100;	取消刀具长度补偿，刀具快速移动到Z100处
N350 M05 M09;	主轴停转，切削液关
N360 M30;	程序结束

◎加工知识

一、钻孔循环，钻中心孔循环指令（G81）

指令格式：G17/G18/G19 G98/G99 G81　X__ Y__ Z__ R__ F__ K__;

其中 X、Y：孔在 X、Y 平面的坐标位置；

Z：孔底的坐标值；

R：准备加工孔的参考平面；

F：切削的进给速度；

K：固定循环的重复次数，如不指定K，则只进行一次循环；

G17/G18/G19：确定加工平面为 XY、YZ、XZ；

G98/G99：G98 为返回初始平面，如图 3—4 所示；G99 为返回到 *R* 平面，如图 3—5 所示。

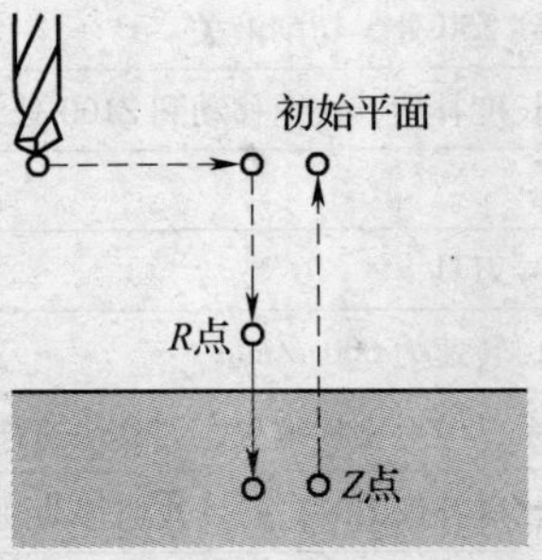

图 3—4　G81（G98）走刀轨迹

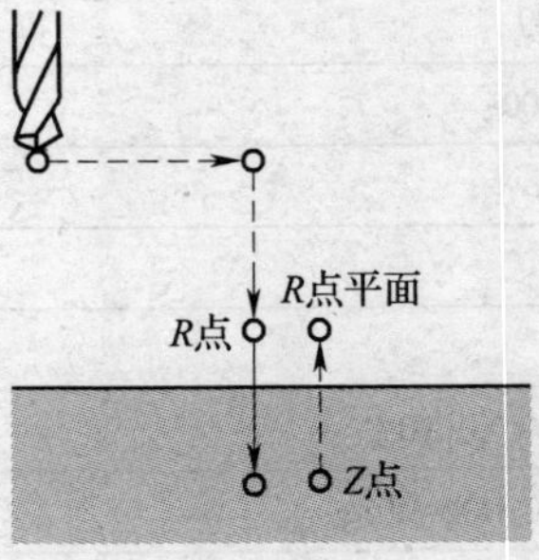

图 3—5　G81（G99）走刀轨迹

指令应用：该循环用于正常钻孔，切削进给执行至孔底后，刀具快速进给退出。

指令说明：

（1）在沿着 *X* 和 *Y* 轴定位以后，快速移动到 *R* 点，从 *R* 点到 *Z* 点执行钻孔加工。然后，刀具快速移动退回。

（2）在指定 G81 之前，用辅助功能（M 代码）旋转主轴。

（3）当 G81 指令和 M 代码在同一程序段中指定时，在第一个定位动作的同时执行 M 代码。然后，系统处理下一个动作。

（4）当指定重复次数 *K* 时，只对第一个孔执行 M 代码；对第二个或以后的孔，不执行 M 代码。

（5）当在固定循环中指定刀具长度偏置（G43、G44 或 G49）时，在定位到 *R* 点的同时加偏置。

二、高速排屑钻孔循环（G73）

指令格式：G17/G18/G19 G98/G99 G73 X_ Y_ Z_ R_ Q_ F_ K_；

其中　X_ Y_：孔位数据；

Z_：从 *R* 点到孔底的距离；

R_：从初始位置面到 *R* 点的距离；

Q_：每次切削进给的切削深度；

F_：切削进给速度；

K_：重复次数；

G17/G18/G19：确定加工平面为 *XY*、*YZ*、*XZ*；

G98/G99：G98 为返回初始平面，如图 3—6 所示；G99 为返回到 *R* 平面，如图 3—7 所示。

指令应用：该循环执行高速排屑钻孔。它执行间歇切削进给直到孔的底部，同时从孔中排除切屑。

指令说明：

（1）高速排屑钻孔循环沿着 *Z* 轴执行间歇进给，当使用这个循环时，切屑可以从孔中排出，并且能够设定较小的回退值，允许有效地执行钻孔。在参数 No. 5114 中设定退刀量 *d*，刀具快速移动退回。

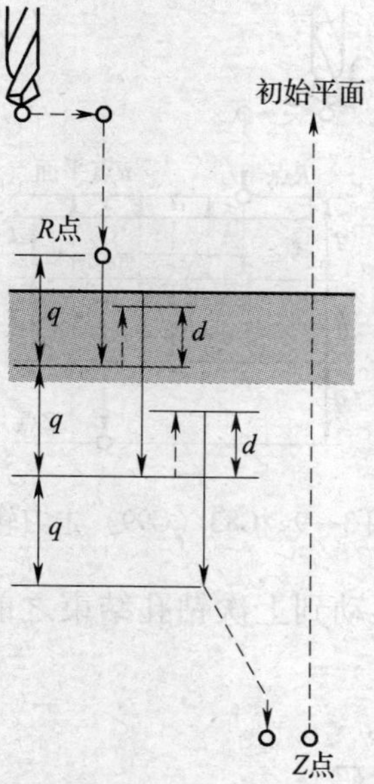

图 3—6　G73（G98）走刀轨迹

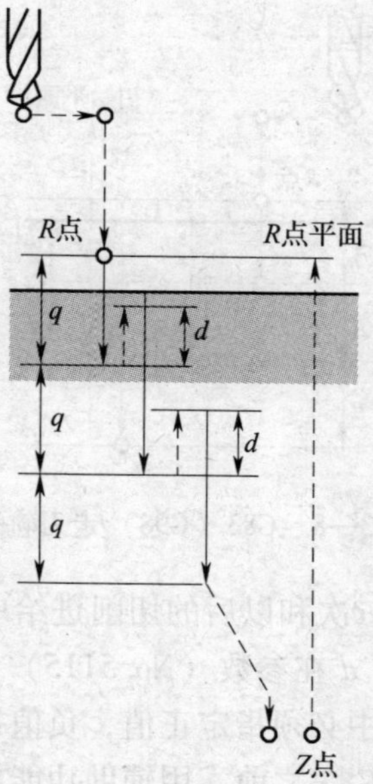

图 3—7　G73（G99）走刀轨迹

（2）在指定 G73 之前，用辅助功能旋转主轴（M 代码）。

（3）当 G73 代码和 M 代码在同一程序段中指定时，在第一个定位动作的同时，执行 M 代码。然后，系统处理下一个钻孔动作。

（4）当指定重复次数 *K* 时，只在第一个孔执行 M 代码，对第二个和以后的孔，不执行 M 代码。

（5）当在固定循环中指定刀具长度偏置（G43、G44 或 G49）时，在定位到 *R* 点的同时加偏置。

三、排屑钻孔循环（G83）

指令格式：G17/G18/G19 G98/G99 G83 X_ Y_ Z_ R_ Q_ F_ K_；

其中　X_ Y_：孔位数据；

Z_：从 *R* 点到孔底的距离；

R_：从初始位置面到 *R* 点位置的距离；

Q_：每次切削进给的切削深度；

F_：切削进给速度；

K_：重复次数；

G17/G18/G19：确定加工平面为 *XY*、*YZ*、*XZ*；

G98/G99：G98 为返回初始平面，如图 3—8 所示；G99 为返回到 *R* 平面，如图 3—9 所示。

指令应用：该循环执行深孔钻。执行间歇切削进给到孔的底部，钻孔过程中从孔中排除切屑。

指令说明：

（1）Q 表示每次切削进给的切削深度。它必须用增量值指定。

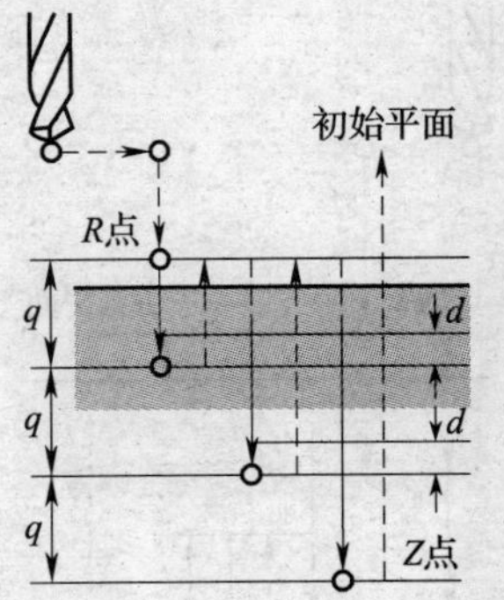

图 3—8　G83（G98）走刀轨迹

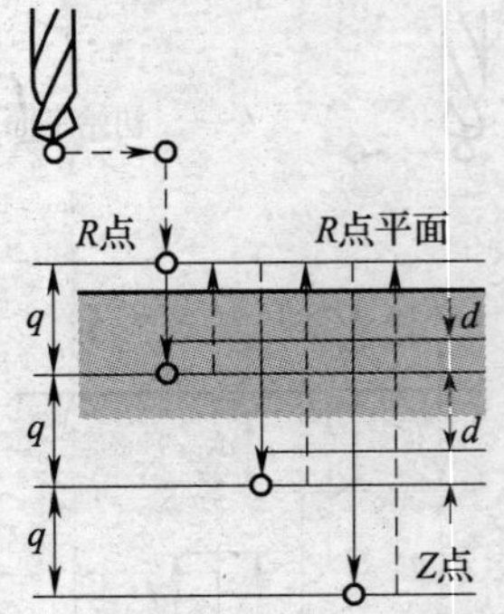

图 3—9　G83（G99）走刀轨迹

（2）在第二次和以后的切削进给中，执行快速移动到上次钻孔结束之前的 d 点，再次执行切削进给。d 在参数（No. 5115）中设定。

（3）在 Q 中必须指定正值，负值被忽略（无效）。

（4）指定 G83 之前，用辅助功能旋转主轴（M 代码）。

（5）当 G83 代码和 M 代码在同一程序段中指定时，在第一个定位动作的同时，执行 M 代码。然后，系统处理下一个钻孔动作。

（6）当指定重复次数 K 时，只在第一个孔执行 M 代码，对第二个孔和以后的孔，不执行 M 代码。

（7）当固定循环中指定刀具长度偏置（G43、G44 或 G49）时，在定位到 R 点的同时加偏置。

四、孔加工方法的选择

在数控铣床及加工中心上，常用的孔加工方法有钻孔、扩孔、铰孔、粗/精镗孔及攻螺纹等。通常情况下，在数控铣床及加工中心上能较方便地加工出 IT7 ~ IT9 级精度的孔，这些孔的推荐加工方法，见表 3—4。

表 3—4　　孔加工的推荐选择方法

孔的精度	有无预孔	孔的直径				
		0 ~ 12 mm	12 ~ 20 mm	20 ~ 30 mm	30 ~ 60 mm	60 ~ 80 mm
IT9 ~ IT11	无	钻—铰	钻—扩		钻—扩—镗（或铰）	
	有	粗扩—精扩，或粗镗—精镗（余量少可一次性扩孔或镗孔）				
IT8	无	钻—扩—铰		钻—扩—精镗（或铰）	钻—扩—粗镗—精镗	
	有	粗镗—半精镗—精镗（或精铰）				
IT7	无	钻—粗铰—精铰		钻—扩—粗铰—精铰，或钻—扩—粗镗—半精镗—精镗		
	有	粗镗—半精镗—精镗（如仍达不到精度要求还可以进一步采取精细镗）				

对表 3—4 说明如下：

（1）加工直径小于 30 mm 且没有预制孔的毛坯时，为了保证钻孔加工的定位精度，可选择在钻孔前先将孔口端面铣平或采用打中心孔的加工方法。

（2）对于表中的扩孔及粗镗加工，也可采用立铣刀铣孔的加工方法。

（3）在加工螺纹孔时，先加工出螺纹底孔，对于 M6 以下的螺纹孔，通常不在加工中心上加工；对于 M6 ~ M20 的螺纹孔，通常采用攻螺纹的加工方法；而对于 M20 以上的螺纹孔，可采取螺纹镗刀镗削加工。

练 习 题

一、判断题（正确的画"√"，错误的画"×"）

1．在数控铣床及加工中心上，常用孔加工的方法有钻孔、扩孔、铰孔、粗/精镗孔及攻螺纹等。（　　）

2．*R* 点表示相对于参考平面的第一次钻孔深度。（　　）

二、填空题（将正确答案写在横线上）

1．加工直径小于 30 mm 且没有预制孔的毛坯时，为了保证钻孔加工的定位精度，可选择在钻孔前先将孔口端面________或采用________的加工方法。

2．在加工螺纹孔时，先加工出________，对于 M6 以下的螺纹孔，通常____________加工；对于 M6 ~ M20 的螺纹孔，通常采用________的加工方法；而对于 M20 以上的螺纹孔，可采取______________加工。

三、选择题（将正确答案的代号写在括号内）

1．在工件上既有平面需要加工，又有孔需要加工时，可采用（　　）。

A．粗铣平面→钻孔→精铣平面　　B．先加工平面，后加工孔

C．先加工孔，后加工平面　　D．任何一种形式

2．在（50，50）坐标点钻一个深 10 mm 的孔，*Z* 轴坐标零点位于零件表面上，则指令为（　　）。

A．G85 X50 Y50 Z－10 R0 F50　　B．G81 X50 Y50 Z－10 R0 F50

C．G81 X50 Y50 Z－10 R5 F50　　D．G83 X50 Y50 Z－10 R5 F50

模块二　铣 孔 加 工

◎知识技能要求

1．掌握铣孔的加工工艺。

2．能正确选用铣孔刀具，能合理选择切削用量。

3．掌握铣孔编程技巧。

◎加工要求

加工之前，首先仔细识读图样及工艺要求，选择合适的刀具（如中心钻、麻花钻、铣刀等）。根据刀具选择合理的切削用量，运用数控加工程序进行铣孔加工。

◎加工任务

在加工中心上加工如图 3—10 所示的零件，毛坯如图 3—11 所示。

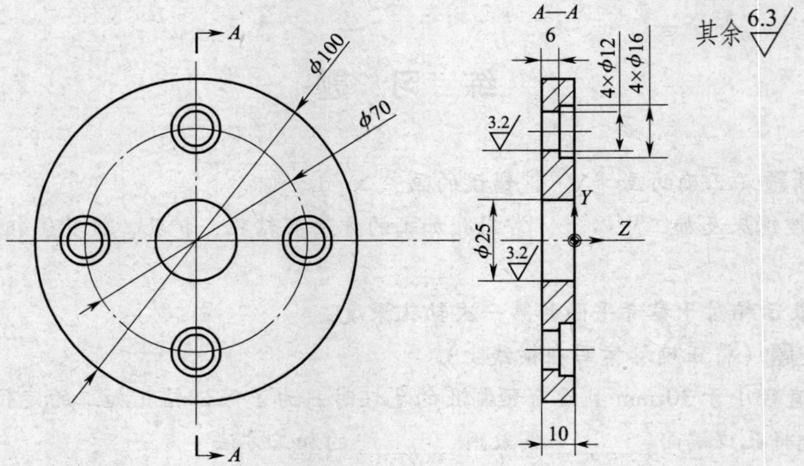

图 3—10 零件图

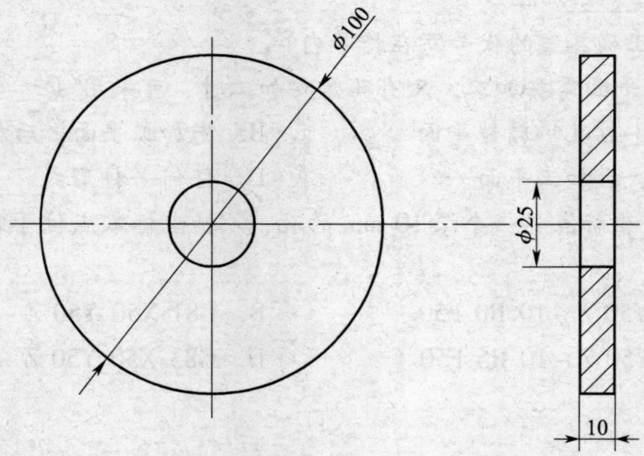

图 3—11 毛坯图

一、确定加工工艺

1. 分析零件图

该零件表面由 4 个孔组成，且由于表面质量要求较高，需用铣孔方法进行加工。零件材料为 45 钢。尺寸标注完整，轮廓描述清楚。无热处理和硬度要求。

2. 确定装夹方案

采用三爪自定心卡盘夹紧零件的外圆周面，底部用垫块垫起。

3. 加工路线

（1）用 A2 的中心钻钻 ϕ70 mm 圆周上的 4 个中心孔。

（2）用 ϕ11 mm 的麻花钻，钻 ϕ70 mm 圆周上的 4 个通孔。

（3）采用 ϕ12 mm 的平底铣刀，铣 ϕ70 mm 圆周上的 4 个 ϕ11 mm 的通孔至 ϕ12 mm。

（4）采用 ϕ12 mm 的平底铣刀，铣 4 个 ϕ12 mm 的通孔至 ϕ16 mm，形成深度为 4 mm 的台阶孔。

4. 工具、量具、刃具清单（见表 3—5）

表 3—5　　工具、量具、刃具清单

序号	名称	规格	精度	数量	单位
1	Z 轴设定器	50 mm	0.01 mm	1	个
2	游标卡尺	0～150 mm	0.02 mm	1	把
3	游标深度尺	0～200 mm	0.02 mm	1	把
4	百分表及表座	0～10	0.01	1	套
5	内径百分表	10～18	0.01	1	个
6	中心钻	A2		1	个
7	麻花钻	ϕ11 mm		1	个
8	高速钢立铣铣刀	ϕ12 mm（双齿）		1	个
9	钻夹头			1	个
10	粗糙度样板	N0～N1	12 级	1	副
11	垫铁			若干	副
12	三爪自定心卡盘	ϕ200 mm		1	副
13	卡盘扳手			1	个
14	T 形螺栓及螺母			4	套
15	呆扳手			若干	把

5. 刀具与合理的切削用量（见表 3—6）

表 3—6　　刀具与合理的切削用量

序号	刀具规格	工序内容	f（mm/min）	n（r/min）
T01	A2 中心钻	钻 ϕ70 mm 圆周上 4 个中心孔	80	600
T02	ϕ11 mm 麻花钻	钻 ϕ70 mm 圆周上 4 个通孔	80	300
T03	ϕ12 mm 平底铣刀	铣 4×ϕ12 mm 通孔及 4×ϕ16 mm 台阶孔	80	100

二、编制数控加工程序

数控加工程序见表 3—7。

表 3—7　　数控加工程序

程序内容	说　明
O3002;	程序号是 O3002
N10 T01 M06;	调用 T01 号刀具
N20 G90 G21 G54 G40 G49 G80 M03 S600;	采用绝对尺寸指令，公制，建立工件坐标系，注销刀具半径补偿和固定循环功能，主轴转速为 600 r/min
N30 M08;	切削液开

续表

程序内容	说　明
N40 G43 H01 Z100;	调用 1 号刀具长度补偿，快速移动至工件上方 100 mm 处
N50 G00 X0 Y0;	快速移动至 X0 Y0 位置
N60 Z5;	快速移动至工件上方 5 mm 处
N70 G99 G81 X0 Y35 Z-2 R5 F80;	调用孔加工循环 G81，在 X0 Y35 处钻中心孔，*R* 平面位于工件上方 5 mm 处
N80 X-35 Y0;	继续在 X-35 Y0 处钻中心孔
N90 X0 Y-35;	在 X0 Y-35 处钻中心孔
N100 X35 Y0;	在 X35 Y0 处钻中心孔
N110 G80 G00 Z200;	取消孔加工固定循环，快速定位至 Z200 处
N120 M05 M09;	主轴停止，切削液关闭
N130 T02 M06;	调用 T02 号刀具
N140 G90 G21 G40 G49 G80;	采用绝对尺寸指令，公制，注销刀具半径补偿和固定循环功能
N150 M03 S300;	主轴正转，转速为 300 r/min
N160 M08;	切削液开
N170 G43 G00 H02 Z100;	调用 2 号刀具长度补偿，快速移动至工件上方 100 mm 处
N180 X0 Y0;	快速移动至 X0 Y0 处
N190 Z5;	快速移动至工件上方 5 mm 处
N200 G99 G81 X0 Y35 Z-15 R2 F80;	调用孔加工循环 G81，在 X0 Y35 处钻孔，*R* 平面位于工件上方 2 mm处
N210 X-35 Y0;	继续在 X-35 Y0 处钻孔
N215 X0 Y-35;	继续在 X0 Y-35 处钻孔
N220 X35 Y0;	继续在 X35 Y0 处钻孔
N230 G80 G00 Z200;	取消孔加工固定循环，快速定位至 Z200 处
N240 M05 M09;	主轴停止，切削液关闭
N250 T03 M06;	调用 T03 号刀具
N260 G90 G21 G40 G49 G80;	采用绝对尺寸指令，公制，注销刀具半径补偿和固定循环功能
N270 M03 S100;	主轴正转，转速为 100 r/min
N280 M08;	切削液开
N290 G43 G00 H03 Z100;	调用 3 号刀具长度补偿，快速移动至工件上方 100 mm 处
N300 G00 X0 Y0;	快速定位至 X0 Y0 处
N310 Z5;	快速定位至 Z5 处
N320 G81 X0 Y35 Z-11 R2 F80;	调用孔加工固定循环 G81 ，在 X0 Y35 处用铣刀加工孔，R 平面位于工件上方 2 mm 处
N330 X-35 Y0;	继续在 X-35 Y0 处加工孔
N340 X0 Y-35;	继续在 X0 Y-35 处加工孔
N350 X35 Y0;	继续在 X35 Y0 处加工孔

续表

程序内容	说　明
N360 G80 G00 Z100;	取消孔加工固定循环，快速定位至 Z100 处，准备用 ϕ12 mm 立铣刀铣 4×ϕ16 mm 台阶孔
N370 G90 G00 X0 Y35;	绝对尺寸，快速定位 X0 Y35
N380 Z10;	快速下刀到 Z10 处
N390 G01 Z－4 F80;	直线进给下刀至 Z－4 处，进给量为 80 mm/min
N400 Y36;	进给至 Y36
N410 G41 X7 D03;	调用 D03 号刀具半径补偿，直线进给至 X7 处
N420 G03 X0 Y43 R7;	逆时针圆弧切入至 X0 Y43 处
N430 J－8;	逆时针铣削上方的 ϕ16 mm 内圆
N440 G03 X－7 Y36 R7;	逆时针圆弧切出至 X－7 Y36 处
N450 G40 G01 X0;	取消刀具半径补偿，移动到 X0 处
N460 G00 Z10;	快速抬刀至 Z10 处
N470 G00 X－35 Y0;	快速移动到 X－35 Y0 处
N480 G01 Z－4 F80;	直线进给下刀至 Z－4 处，进给量为 80 mm/min
N490 Y1;	进给至 Y1 处
N500 G41 G01 X－28 D03;	调用 D03 号刀具半径补偿，直线进给至 X－28 处
N510 G03 X－35 Y8 R7;	逆时针圆弧切入至 X－35 Y8 处
N520 G03 J－8;	逆时针铣削左侧 ϕ16 mm 内圆
N530 G03 X－28 Y1 R7;	逆时针圆弧切出至 X－28 Y1 处
N540 G40 G01 X－35;	取消刀具半径补偿，移动到 X－35 处
N550 G00 Z10;	刀具快速抬刀
N560 G00 X0 Y－35;	刀具快速定位到 X0 Y－35 处
N570 G01 Z－4 F80;	下刀至 Z－4，进给量为 80 mm/min
N580 G01 Y－34;	直线进给至 Y－34
N590 G41 X7 D03;	调用 D03 号刀具半径补偿，进给至 X7 处
N600 G03 X0 Y－27 R7;	逆时针圆弧切入至 X0 Y－27 处
N610 G03 J－8;	逆时针铣削下方的 ϕ16 mm 内圆
N620 G03 X7 Y－34 R7;	逆时针圆弧切出至 X7 Y－34 处
N630 G40 G00 X35 Y0;	取消刀具半径补偿，移动到 X35 Y0 处
N640 G01 Z－4 F80;	下刀至 Z－4 处，进给量为 80 mm/min
N650 Y1;	直线进给至 Y1 处
N660 G41 X42 D03;	调用 D03 号刀具半径补偿，进给至 X42 处
N670 G03 X35 Y8 R7;	逆时针圆弧切入至 X35 Y8 处
N680 G03 J－8;	逆时针铣削右侧 ϕ16 mm 内圆
N690 G03 X42 Y1 R7;	逆时针圆弧切出至 X42 Y1 处
N700 G40 G01 X35;	取消刀具半径补偿，移动到 X35
N710 G00 Z100;	刀具快速抬刀到 Z100 处
N720 M05;	主轴停转
N730 M30;	程序结束

◎加工知识

一、顺铣与逆铣的选择

根据刀具旋转方向和工件进给方向间的相互关系，数控铣削分为顺铣和逆铣两种。在刀具正转的情况下，刀具的切削速度方向与工件的移动方向相同，采用左刀补的铣削为顺铣；刀具的切削速度方向与工件的移动方向相反，采用右刀补的铣削为逆铣。

采用顺铣时，其切削力及切削变形小，但容易产生崩刃现象。因此，通常采用顺铣的加工方法进行精加工。而采用逆铣则可以提高加工效率，但由于逆铣切削力大，导致切削变形增加、刀具磨损加快。因此，通常在粗加工时采用逆铣的加工方法。

二、精加工余量的确定

确定精加工余量的方法主要有经验估算法、查表修正法、分析计算法等几种。数控铣床上通常采用经验估算法或查表修正法确定精加工余量，其推荐值见表3—8（对于轮廓为单边余量，对于孔为双边余量）。

表3—8　　加工余量推荐值　　mm

加工方法	刀具材料	粗加工余量	精加工余量
轮廓铣削	高速钢	0.2~0.4	0.1~0.2
	硬质合金	0.3~0.6	0.2~0.3
扩孔	高速钢	0.5~1	0.1~0.5
	硬质合金	1~2	0.3~1.0

练　习　题

一、判断题（正确的画“√”，错误的画“×”）

1. 数控铣床上通常采用经验估算法或查表修正法确定精加工余量。（　）
2. 采用顺铣时，其切削力及切削变形小，但容易产生崩刃现象。（　）

二、填空题（将正确答案写在横线上）

1. 根据刀具的旋转方向和工件的进给方向间的相互关系，数控铣削分为________和________两种。
2. 若扩孔时采用硬质合金刀具，精加工余量取________mm。

三、简答题

顺铣和逆铣有何区别？应用如何？

模块三　铰孔加工

◎知识技能要求

1. 掌握铰孔的加工工艺。
2. 能正确选用钻孔、铰孔的刀具、夹具，能合理选择切削用量。
3. 能熟练运用铰孔加工固定循环指令编程。

◎加工要求

能够运用数控加工程序的铰孔固定循环指令进行铰孔加工，并达到如下要求：尺寸公差等级达 IT7 级；形位公差等级达 IT8 级；表面粗糙度达 R_a3. 2 μm。

◎加工任务

在加工中心上加工如图 3—12 所示的零件，毛坯如图 3—13 所示。

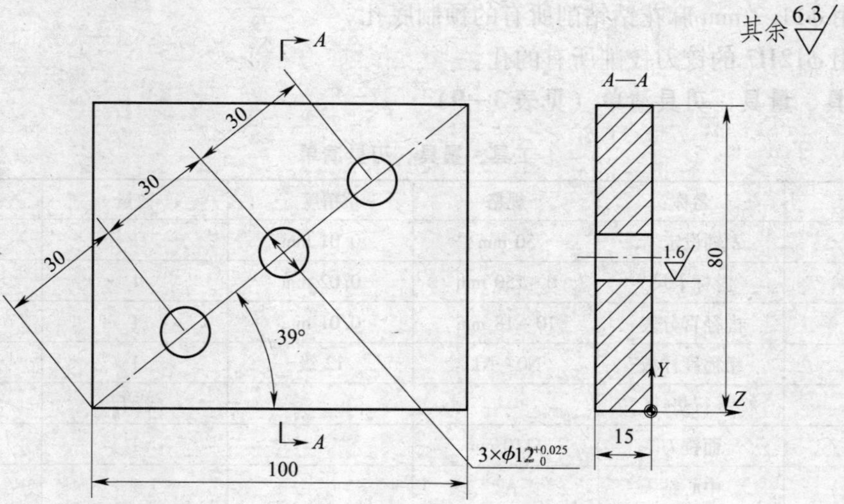

图 3—12　零件图

一、确定加工工艺

1. 分析零件图

该零件有 3 个孔，有一定的尺寸精度和表面粗糙度等要求。零件材料为 45 钢。尺寸标注完整，轮廓描述清楚。无热处理和硬度要求。

2. 确定装夹方案

采用机床用平口虎钳装夹的方法，底部用垫铁垫起。

3. 加工路线

（1）以基准面 *A* 为底平面，铣 *B* 面，保证总厚度 15 mm。

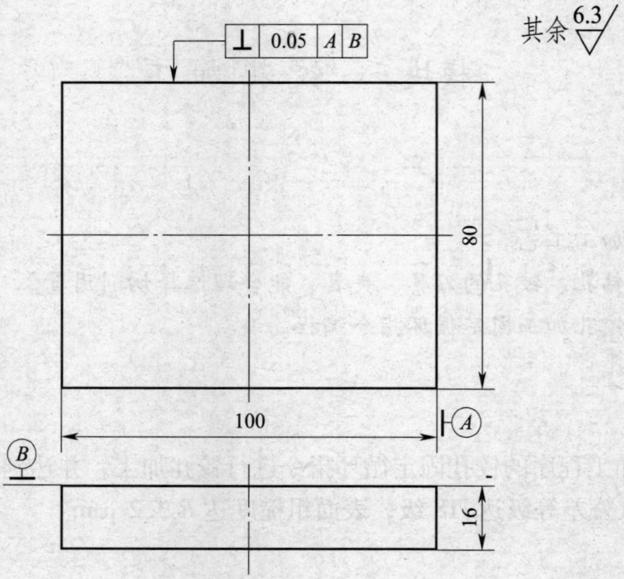

图 3—13　毛坯图

（2）用 A2.5 中心钻钻中心孔。

（3）用 ϕ11.7 mm 麻花钻钻削所有的预制底孔。

（4）用 ϕ12H7 的铰刀铰削所有的孔。

4. 工具、量具、刃具清单（见表 3—9）

表 3—9　　工具、量具、刃具清单

序号	名称	规格	精度	数量	单位
1	*Z* 轴设定器	50 mm	0.01 mm	1	个
2	游标卡尺	0～150 mm	0.02 mm	1	把
3	内径百分表	10～18 mm	0.01 mm	1	套
4	粗糙度样板	N0～N1	12 级	1	副
5	平行垫铁			若干	副
6	面铣刀	ϕ110 mm		1	个
7	中心钻	A2		1	个
8	麻花钻	ϕ11.5 mm		1	个
9	铰刀	ϕ12H7		1	个

5. 刀具与合理的切削用量（见表 3—10）

表 3—10　　刀具与合理的切削用量

序号	刀具规格	工序内容	f（mm/min）	a_p（mm）	n（r/min）
T01	ϕ110 mm 面铣刀	铣平面	80	—	150
T02	A2 中心钻	钻中心孔	80	—	560
T03	ϕ11.7 mm 麻花钻	钻削所有的孔	60	5.75	250
T04	ϕ12H7 铰刀	铰 3×ϕ12 mm 孔至尺寸	80	0.1	100

二、编制数控加工程序

数控加工程序见表3—11。

表3—11　　　　　　　　　　　数控加工程序

程序内容	说　明
O3003；	程序号是O3003
N10 T01 M06；	
N20 G40 G80 G90 G54 G00 X－60 Y40 S150 M03；	建立工件坐标系，注销刀具半径补偿和孔加工固定循环功能，绝对尺寸编程，快速定位至X－60 Y40位置，主轴正转，转速为150 r/min
N30 G43 H01 Z100；	调用1号刀具长度补偿，快速定位至Z100处
N40 Z10；	快速定位至工件上方10 mm处
N50 G01 Z0.3 F80；	直线进给至Z0.3处
N60 X100 F80；	直线进给至X100处，进给速度为80 mm/min
N70 G00 Z100；	快速退刀至Z100处
N80 M00；	程序停止，利用T01号刀具，精铣*B*平面
N90 G00 X－60；	快速定位至X－60处
N100 Z10；	快速定位至Z10处
N110 G01 Z0 F80；	直线进给至工件上表面Z0处
N120 X160；	精铣上表面
N130 G00 Z200；	
N140 M05；	
N160 X160；	
N170 G00 Z200；	
N180 T02 M06；	调用T02号刀具
N190 G54 G00 X0 Y0；	工件坐标系，快速移动到X0 Y0
N200 M03 S560；	主轴正转，转速为560 r/min
N210 G43 H02 Z100；	2号刀执行刀具长度补偿，快速定位至Z100处
N220 Z5；	
N230 G17 G90 G16 G99 G81 X30 Y39 Z－2 R5 F80；	用极坐标，调用孔加工固定循环指令G81钻下方的中心孔，*R*平面位于工件上表面5 mm处，加工完毕后返回*R*平面
N240 X60 Y39；	钻中间的中心孔，方法同上
N250 X90 Y39；	钻上方的中心孔
N260 G80 G15；	取消极坐标
N270 M05 G00 Z200；	
N280 T03 M06；	调用T03号刀具
N290 G54 G00 X0 X0 S250 M03；	
N300 G43 H03 Z100；	3号刀执行刀具长度补偿，快速定位至Z100处

续表

程序内容	说　明
N310 Z5；	
N320 G17 G90 G16 G99 G83 X30 Y39 Z－20 R5 Q3 F60；	调用G83指令钻下方孔，每次切深进给3 mm，*R*平面位于工件上方5 mm
N330 X60 Y39；	钻中间孔，方法同上，下同
N340 X90 Y39；	钻上方孔
N350 G80 G00 Z200 G15；	
N360 G90 G00 Z200；	
N370 M05；	
N380 T04 M06；	调用T04号刀具
N390 G54 G00 X0 Y0 S100 M03；	
N400 G43 H04 Z100；	调用4号刀具长度补偿
N410 Z5 M08；	快进至工件上表面5 mm处，打开切削液
N420 G17 G90 G16 G99 G81 X30 Y39 Z－17 R5 F80；	调用G81指令，下方孔位铰孔，铰孔完毕回*R*平面，*R*平面位于工件上方5 mm
N430 X60 Y39；	中间孔位铰孔
N440 X90 Y39；	上方孔位铰孔
N450 G15；	取消极坐标
N460 G80 G00 Z200 M09；	取消孔加工固定循环
N470 M05；	主轴停转
N480 M30；	程序结束

◎加工知识

一、钻孔循环、铰孔循环、逆镗孔循环（G82）

指令格式：G17/G18/G19 G98/G99 G82 X_ Y_ Z_ R_ P_ F _ K_；

其中　X_ Y_：孔位数据；

Z_：从*R*点到孔底的距离；

R_：从初始位置到*R*点位置的距离；

P_：在孔底的暂停时间；

F_：切削进给深度；

K_：重复次数；

G17/G18/G19：确定加工平面为*XY*、*YZ*、*XZ*；

G98/G99：G98为返回初始平面，如图3—14所示；G99为返回到*R*平面，如图3—15所示。

指令应用：该循环用作正常钻孔。切削进给执行到孔底，执行暂停。然后，刀具从孔底快速移动退回。

指令说明：

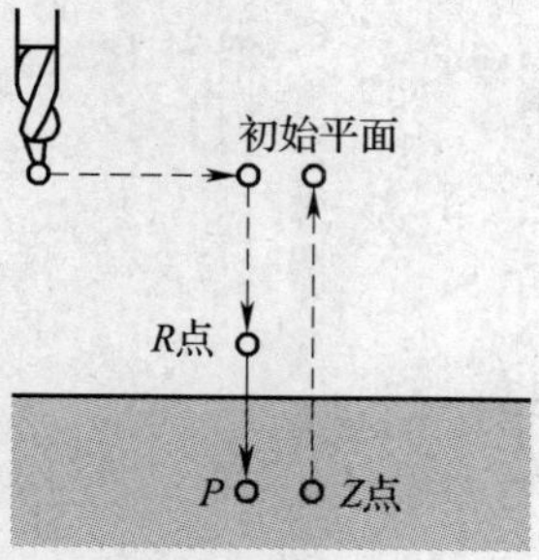

图 3—14　G82（G98）走刀轨迹

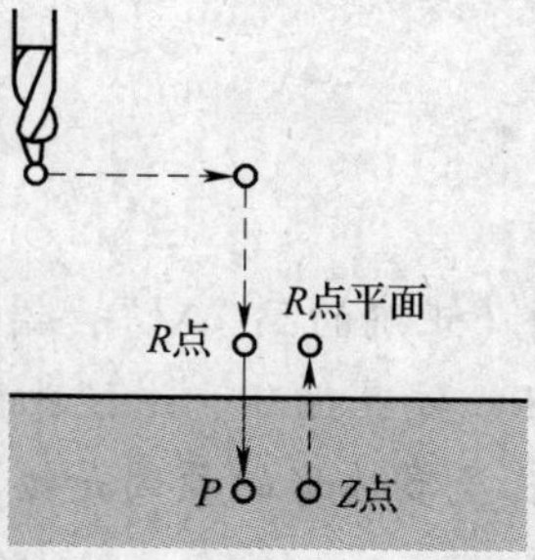

图 3—15　G82（G99）走刀轨迹

（1）沿着 X 和 Y 轴定位以后，快速移动到 R 点。然后，从 R 到 Z 点执行钻孔加工。当到孔底时，执行暂停。然后刀具快速移动退回。

（2）指定 G82 之前，用辅助功能（M 代码）旋转主轴。

（3）当 G82 指令和 M 代码在同一程序段中指定时，在第一个定位动作的同时执行 M 代码。然后，系统处理下一个钻孔动作。

（4）当指定重复次数 K 时，只对第一个孔执行 M 代码；对第二个或以后的孔，不执行 M 代码。

（5）当固定循环中指定刀具长度偏置（G43、G44 或 G49）时，在定位到 R 点的同时加偏置。

二、铰孔的误差分析

铰孔的误差分析见表 3—12。

表 3—12　　**铰孔的误差分析**

项　目	出现问题	产生原因
铰孔	孔径扩大	铰孔中心与底孔中心不一致
		进给量或铰削余量过大
		切削速度太高，铰刀热膨胀
		切削液选用不当或没加切削液
	孔径缩小	铰刀磨损或铰刀太钝
		铰铸铁
	孔呈多边形	铰削余量太大，铰孔振动
		铰孔前钻孔不圆
	表面粗糙度不符合要求	铰孔余量太大或太小
		铰刀切削刃不锋利
		切削液选用不当或没加切削液
		切削速度过大，产生积屑瘤
		孔加工固定循环选择不合理，进、退刀方式不合理
		容屑槽内切屑堵塞

练 习 题

一、判断题（正确的画“√”，错误的画“×”）

1. 钻孔循环、铰孔循环、逆镗孔循环的指令是 G82。（ ）
2. 铰孔时孔呈多边形的原因是铰刀切削刃不锋利。（ ）

二、简答题

1. G82 的 X_ Y_ Z_ R_ P_ F_ K_ 代表什么？
2. G82 的指令应用是什么？
3. 铰孔时出现孔径扩大的原因是什么？

模块四 攻螺纹加工

◎知识技能要求

1. 掌握利用丝锥攻螺纹的加工工艺。
2. 能正确选用攻螺纹的刀具、夹具，能合理选择切削用量。
3. 能熟练运用攻螺纹加工固定循环指令编程。

◎加工要求

能够运用数控加工程序的螺纹循环指令进行攻螺纹加工，并达到如下要求：尺寸公差等级达 IT7 级；形位公差等级达 IT8 级；表面粗糙度达 R_a3. 2 μm。

◎加工任务

在加工中心上加工如图 3—16 所示的零件，毛坯如图 3—17 所示。

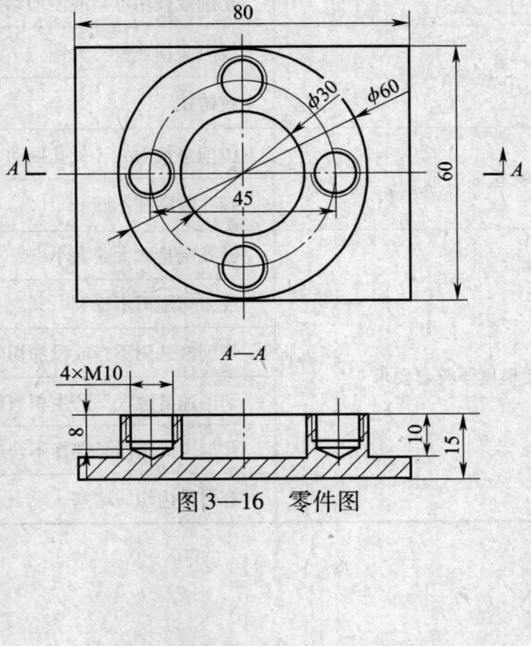

图 3—16 零件图

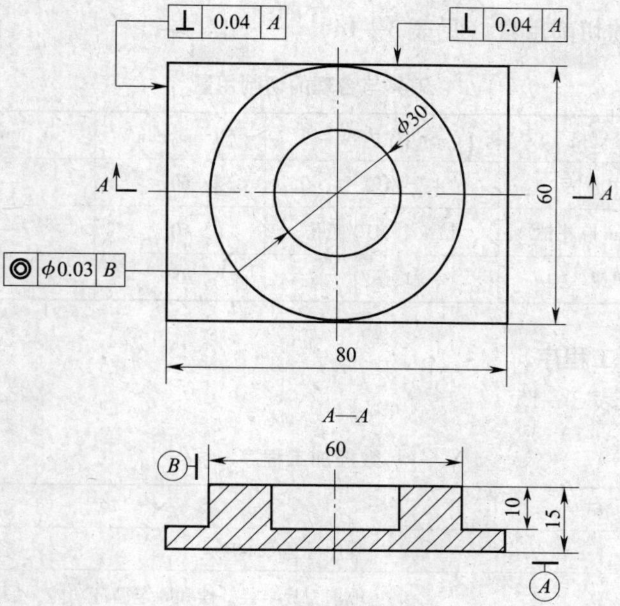

图 3—17　毛坯图

一、确定加工工艺

1. 分析零件图

该零件由不同尺寸的孔组成，有一定的尺寸精度和表面粗糙度等要求。零件材料为 45 钢。尺寸标注完整，轮廓描述清楚。无热处理和硬度要求。

2. 确定装夹方案

采用机床用平口虎钳装夹的方法，底部用垫铁垫起。

3. 加工路线

（1）用中心钻钻中心孔。

（2）用 ϕ8. 5 mm 麻花钻钻 4 × M10 螺纹底孔。

（3）用 M10 丝锥攻 4 × M10 螺纹。

4. 工具、量具、刃具清单（见表 3—13）

表 3—13　　**工具、量具、刃具清单**

序号	名称	规格	精度	数量	单位
1	Z 轴设定器	50 mm	0. 01 mm	1	个
2	游标卡尺	0 ~ 150 mm	0. 02 mm	1	把
3	游标深度尺	0 ~ 200 mm	0. 02 mm	1	把
4	百分表及表座	0 ~ 10	0. 01	1	个
5	平行垫铁			若干	副
6	中心钻	A2		1	个
7	麻花钻	ϕ8. 5 mm		1	个
8	机用丝锥	M10		1	个
9	机床用平口虎钳	QH160		1	台
10	塑胶榔头			1	个
11	呆扳手			若干	把

5. 刀具与合理的切削用量（见表3—14）

表3—14　　刀具与合理的切削用量

序号	刀具规格	工序内容	f（mm/min）	a_p（mm）	n（r/min）
T01	A2中心钻	钻4个M10中心孔	60	—	800
T02	ϕ8.5 mm麻花钻	钻4个M10底孔	60	—	250
T03	M10机用丝锥	攻螺纹	200	—	100

二、编制数控加工程序

数控加工程序见表3—15。

表3—15　　数控加工程序

程序内容	说　明
O3004；	程序号是O3004
N10 G40 G80 G90 T01；	取消刀具半径补偿和固定循环功能，采用绝对值编程，主轴上安装T01号刀具（A2中心钻）
N20 G54 G00 X22.5 Y0 S800 M03；	设置坐标原点，启动主轴
N30 G43 H01 Z100；	调用1号刀具长度补偿，快速定位至Z100处
N40 G00 Z20；	快速进刀到Z20
N50 G17 G90；	选择*XY*平面
N60 G99 G81 X22.5 Y0 Z－2 R5 F60；	调用孔加工固定循环G81，钻右侧孔的中心孔，*R*平面位于工件上方5 mm处
N70 X0 Y22.5；	在X0 Y22.5处钻中心孔
N80 X－22.5 Y0；	在X－22.5 Y0处钻中心孔
N90 X0 Y－22.5；	在X0 Y－22.5处钻中心孔
N100 G80 G00 Z200；	取消孔固定循环，快速定位至Z200处
N110 M05 M19；	主轴停转
N120 T02 M06；	手动换T02号刀（ϕ8.5 mm麻花钻）
N130 G54 G90 G00 X22.5 Y0 M03 S250；	主轴正转，转速为250 r/min，快进至X22.5 Y0位置
N140 G43 H02 Z100；	调用2号刀具长度补偿，快速定位至Z100处
N150 G00 Z20；	快速进刀到Z20
N160 M08；	切削液开
N170 G17 G90；	选择*XY*平面
N180 G99 G83 X22.5 Y0 Z－10 R5 Q3 F60；	调用深孔固定循环，钻ϕ8.5 mm孔，每次进给深度3 mm，*R*平面位于工件上方5 mm处
N190 X0 Y22.5；	在X0 Y22.5处钻孔
N200 X－22.5 Y0；	在X－22.5 Y0处钻孔
N210 X0 Y－22.5；	在X0 Y－22.5处钻孔

续表

程序内容	说　明
N220 G80 Z200 M09；	取消孔固定循环，切削液停，快速定位至 Z200 处
N230 M05 M19；	主轴停转
N240 T03 M06；	调用 T03 号刀
N250 G54 G90 G00 X22.5 Y0 S100 M03；	快进至 X22.5 Y0 位置
N260 G43 H03 Z100；	调用 3 号刀具长度补偿，快速定位 Z100 处
N270 G00 Z20 M08；	快速进刀到 Z20，切削液开
N280 G90 G17；	选择 *XY* 平面
N290 M29 S100；	指定刚性攻螺纹
N300 G99 G84 X22.5 Y0 Z－8 R5 Q4 F200；	使用攻螺纹固定循环功能，断屑攻螺纹，每次切削进给深度为 4 mm，*R* 平面位于工件上方 5 mm 处
N310 X0 Y22.5；	在 X0 Y22.5 处攻螺纹
N320 X－22.5 Y0；	在 X－22.5 Y0 处攻螺纹
N330 X0 Y22.5；	在 X0 Y22.5 处攻螺纹
N340 G80 G00 Z200 M09；	取消固定循环，快速定位至 Z200 处，切削液关
N350 M05；	主轴停转
N360 M30；	程序结束并返回

◎加工知识

一、螺纹循环（G84）

指令格式：G17/G18/G19 G98/G99 G84 X_ Y_ Z_ R_ P_ F_ K_；

其中　X_ Y_：孔位数据；

Z_：从 *R* 点到孔底的距离；

R_：从初始位置到 *R* 点的距离；

P_：暂停时间；

F_：切削进给深度；

K_：重复次数（如果需要的话）；

G17/G18/G19：确定加工平面为 *XY*、*YZ*、*XZ*；

G98/G99：G98 为返回初始平面，如图 3—18 所示；G99 为返回到 *R* 平面，如图 3—19 所示。

指令应用：该循环执行攻螺纹。在这个攻螺纹循环中，当到达孔底时，主轴以反方向旋转。

指令说明：

（1）主轴顺时针旋转执行攻螺纹。当到达孔底时，为了回退，主轴朝相反方向旋转。这个过程生成螺纹。

（2）攻螺纹期间进给倍率被忽略。进给暂停不停止机床，直到返回动作完成。

（3）在指定 G84 之前，用辅助功能（M 代码）使主轴旋转。

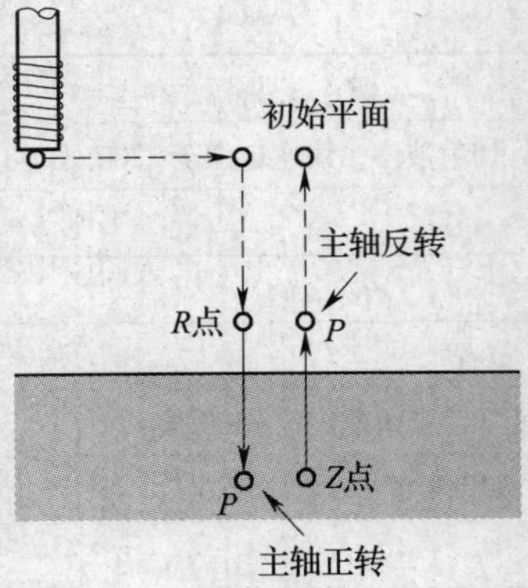

图 3—18　G84（G98）走刀轨迹

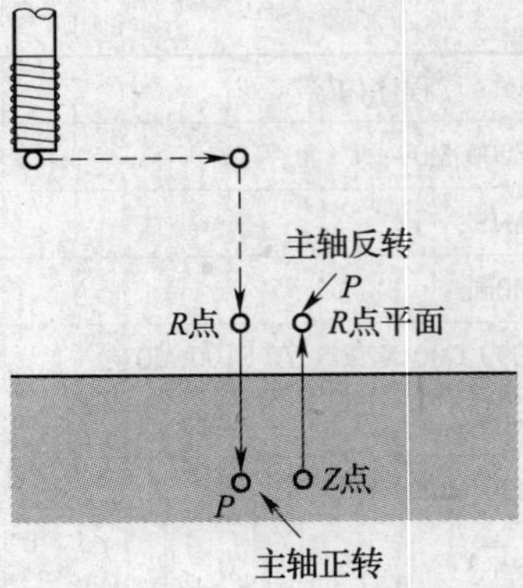

图 3—19　G84（G99）走刀轨迹

（4）当 G84 指令和 M 代码在同一个程序段中指定时，在执行第一个定位动作的同时，执行 M 代码。然后，系统处理下一个钻孔动作。

（5）当指定重复次数 K 时，仅对第一个孔执行 M 代码；对第二个或以后的孔，不执行 M 代码。

（6）当在固定循环中指定刀具长度偏置（G43、G44 或 G49）时，在执行定位到 R 点的同时加偏置。

二、左旋攻螺纹循环（G74）

指令格式：G17/G18/G19 G98/G99 G74 X_ Y_ Z_ R_ P_ F_ K_；

其中　X_ Y_：孔位数据；

Z_：从 R 点到孔底的距离；

R_：从初始位置到 R 点位置的距离；

P_：暂停时间；

F_：切削进给深度；

K_：重复次数；

G17/G18/G19：确定加工平面为 XY、YZ、XZ；

G98/G99：G98 为返回初始平面，如图 3—20 所示；G99 为返回到 R 平面，如图 3—21 所示。

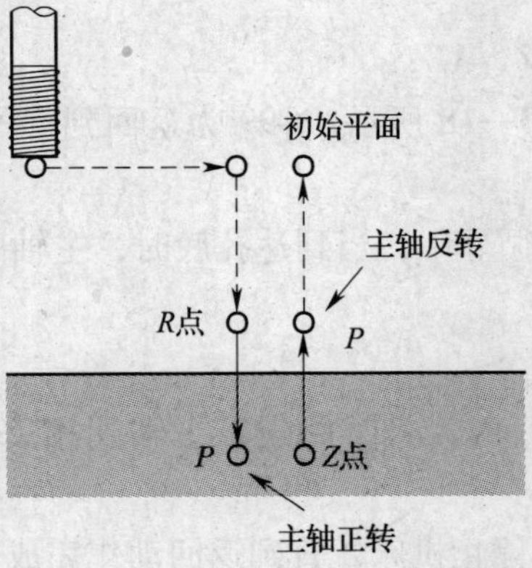

图 3—20　G74（G98）走刀轨迹

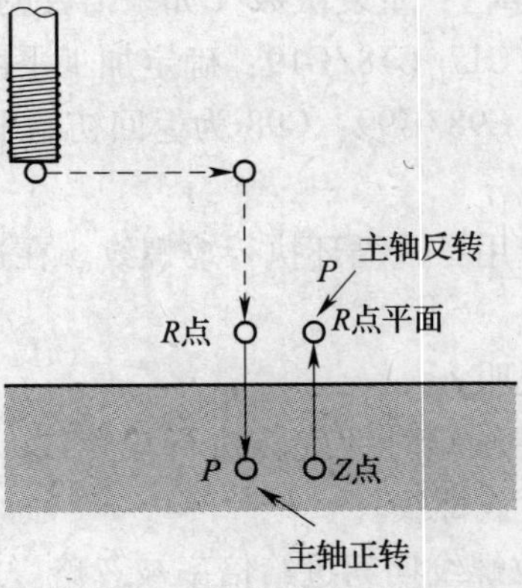

图 3—21　G74（G99）走刀轨迹

指令应用：该循环执行左旋攻螺纹。在左旋攻螺纹循环中，当到达孔底时，主轴顺时针旋转。

指令说明：

（1）用主轴逆时针旋转执行攻螺纹。当到达孔底时，为了退回，主轴顺时针旋转。该循环加工一个左旋螺纹。

（2）在左旋攻螺纹期间，进给倍率被忽略。进给暂停不停止机床，直到回退动作完成。

（3）在指定 G74 之前，使用辅助功能（M 代码）使主轴逆时针旋转。

（4）当 G74 指令和 M 代码在同一程序段中指定时，在第一个定位动作的同时，执行 M 代码。然后，系统处理下一个钻孔动作。

（5）当指定重复次数 K 时，只对第一个孔执行 M 代码，对第二个和以后的孔，不执行 M 代码。

（6）当在固定循环中指定刀具长度偏置（G43、G44 或 G49）时，在定位到 R 点的同时加偏置。

三、攻螺纹的加工工艺

1. 普通螺纹简介

普通螺纹是我国应用最为广泛的一种三角形螺纹，牙型角为 60°。

普通螺纹分粗牙普通螺纹和细牙普通螺纹。粗牙普通螺纹的螺距是标准螺距，其代号用字母“M”及公称直径表示，如 M16、M12 等。细牙普通螺纹代号用字母“M”及公称直径×螺距表示，如 M34×1.5LH、M27×2 等。

普通螺纹有左旋螺纹和右旋螺纹之分，左旋螺纹应在螺纹标记的末尾处加注字母“LH”，如 M20×1.5LH 等，未注明的是右旋螺纹。

2. 底孔直径的确定

攻螺纹时，丝锥在切削金属的同时，还伴随较强的挤压作用。因此，金属产生塑性变形形成凸起挤向牙尖，使攻出的螺纹的小径小于底孔直径。

攻螺纹前的底孔直径应稍大于螺纹小径，否则攻螺纹时因挤压作用，使螺纹牙顶与丝锥牙底之间没有足够的容屑空间，将丝锥箍住，甚至折断丝锥。这种现象在攻塑性较大的材料时更为严重。但底孔直径也不易过大，否则会使螺纹牙型高度不够，降低强度。

底孔直径的大小通常根据经验公式决定，其公式如下：

$$D_{底}=D-P \text{（加工钢件等塑性金属）}$$

$$D_{底}=D-1.05P \text{（加工铸铁等脆性金属）}$$

式中 $D_{底}$——攻螺纹前钻螺纹底孔用钻头直径，mm；

D——螺纹大径，mm；

P——螺距，mm。

对于细牙螺纹，其螺距已在螺纹代号中作了标记。而对于粗牙螺纹，每一种螺纹的螺距是固定的，如 M8 的螺距为 1.25 mm，M10 的螺距为 1.5 mm，M12 的螺距为 1.75 mm 等，具体请查阅有关螺纹尺寸参数表。

3. 不通孔螺纹底孔深度的确定

攻不通孔螺纹时，由于丝锥切削部分有锥角，端部不能切出完整的牙型，所以钻孔深度要大于螺纹的有效深度，如图 3—22 所示。

$$H_{钻}=h_{有效}+0.7D$$

式中 $H_{钻}$——底孔深度，mm；

$h_{有效}$——螺纹有效深度，mm；

D——螺纹大径，mm。

4. 螺纹轴向起点和终点尺寸的确定

在数控机床上攻螺纹时，沿螺距方向的 Z 向进给和机床主轴的旋转保持严格的速比关系，但在实际攻螺纹开始时，伺服系统不可避免地有一个加速的过程，结束前相应有一个减速的过程。在这两段时间内，螺距得不到有效保证。为了避免这种情况的出现，在安排工艺时要尽可能考虑合理的导入距离 δ_1 和导出距离 δ_2，如图 3—23 所示。

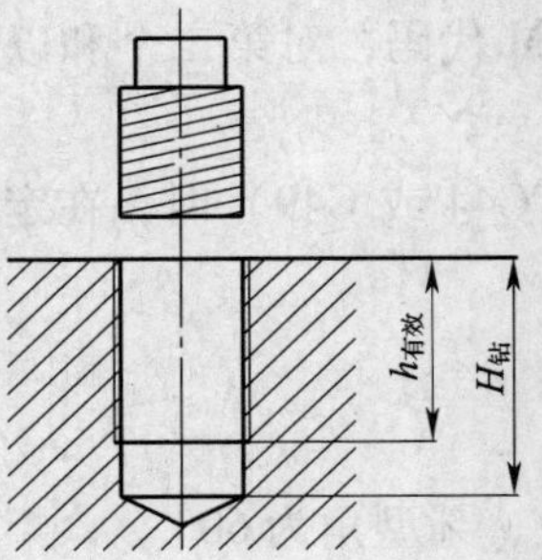

图 3—22　不通孔螺纹底孔深度

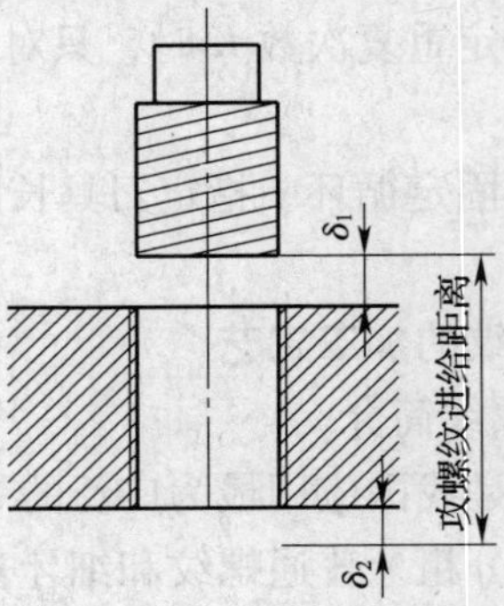

图 3—23　攻螺纹轴向起点与终点

δ_1 和 δ_2 的数值与机床拖动系统的动态特征性，以及螺纹的螺距和螺纹的精度有关。一般 δ_1 取 $2\sim3P$，对大螺距和高精度的螺纹则取较大值；δ_2 一般取 $1\sim2P$。此外，在加工通孔螺纹时，导出距离还要考虑丝锥前端锥角的长度。

四、攻螺纹误差分析

攻螺纹误差分析见表 3—16。

表 3—16　　**攻螺纹误差分析**

出现问题	产生原因
螺纹乱牙或滑牙	丝锥夹紧不牢固，造成乱牙
	攻不同螺纹时，固定循环中的孔底平面选择过深
	切屑堵塞，没有及时清理
	固定循环程序选择不合理
丝锥折断	孔底直径太小
	孔底中心与攻螺纹主轴中心不重合
	攻螺纹夹头选择不合理，没有选择浮动夹头
尺寸不正确或螺纹不完整	丝锥磨损
	孔底直径太大，造成螺纹不完整
表面粗糙度不符合要求	转速太快导致进给速度太快
	切削液选择不当或使用不合理
	切屑堵塞，没有及时清理
	丝锥磨损

练 习 题

一、判断题（正确的画"√"，错误的画"×"）

1. 在指定 G74 之前，使用辅助功能（M 代码）使主轴逆时针旋转。（ ）

2. 当在固定循环中指定刀具长度偏置（G43、G44 或 G49）时，在定位到 R 点的同时加偏置。（ ）

3. 左旋攻螺纹循环指令是 G84。（ ）

4. 在攻螺纹期间进给倍率不会忽略。进给暂停不停止机床，直到返回动作完成。（ ）

二、选择题（将正确答案的代号写在括号内）

1. 普通螺纹有左旋螺纹和右旋螺纹之分，左旋螺纹应在螺纹标记的末尾处加注"（ ）"，未注明的是右旋螺纹。

A. AL　　B. HL　　C. LA　　D. LH

2. 下列指令是固定循环指令的为（ ）。

A. G00、G01　　B. G04、G20、G21

C. G74、G84、G86　　D. G92、G99

三、简答题

1. 攻螺纹循环指令是什么？其格式都是什么意思？

2. 攻螺纹时出现螺纹乱牙或滑牙的原因是什么？

3. 加工螺纹时，为什么要考虑导入距离和导出距离？如何选取？

模块五 镗孔加工

◎知识技能要求

1. 掌握各类孔的镗削加工工艺。

2. 掌握镗孔加工的方法，能合理选用镗削加工刀具及切削用量。

3. 能正确选择各类镗孔加工的固定循环指令。

4. 掌握镗刀的对刀方法。

◎加工要求

能够运用数控加工程序的镗孔循环指令进行镗孔加工，并达到如下要求：尺寸公差等级达 IT7 级；形位公差等级达 IT8 级；表面粗糙度达 $R_a3.2$ μm。

◎加工任务

在加工中心上加工如图 3—24 所示的零件，毛坯如图 3—25 所示。

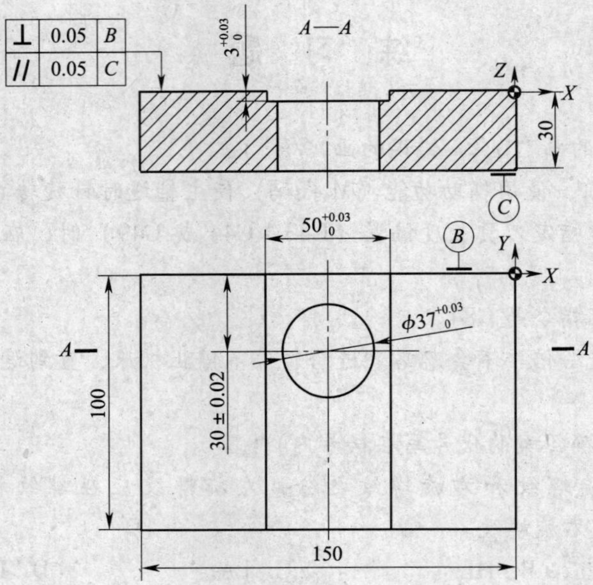

图 3—24　零件图

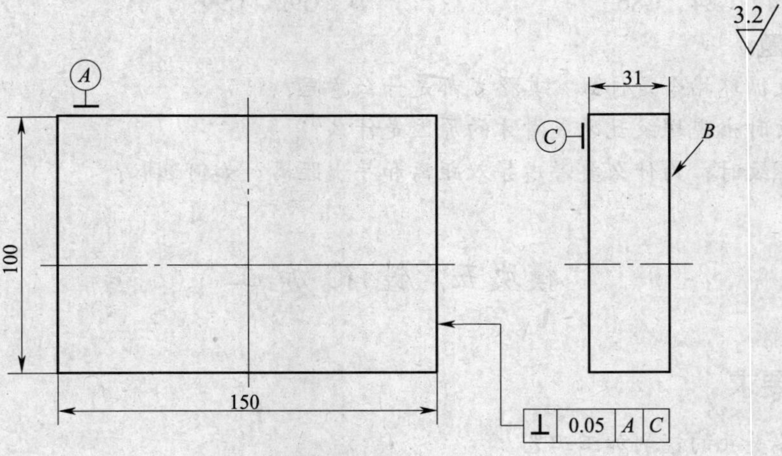

图 3—25　毛坯图

一、确定加工工艺

1. 分析零件图

该零件由一个通槽和一个圆孔组成，有一定的尺寸精度和表面粗糙度等要求。零件材料为 45 钢。尺寸标注完整，轮廓描述清楚。无热处理和硬度要求。

2. 确定装夹方案

采用机床用平口虎钳装夹的方法，底部用垫铁垫起。

3. 加工路线

（1）粗、精铣坯料上表面

粗、精铣 *B* 面（见图 3—25），保证总厚度 30 mm。

（2）粗、精铣宽 50 mm 的通槽

①粗铣底面和侧面，底面留精铣余量 0.1 mm，侧面留精铣余量 0.2 mm。
②精铣底面和侧面至尺寸要求。
(3) 加工 ϕ37 mm 孔的预制孔
①用中心钻钻中心孔。
②钻 ϕ37 mm 的孔至 ϕ30 mm。
(4) 镗 ϕ37 mm 孔
①粗镗孔后，留半精镗单边余量 0.35 mm。
②半精镗孔后，留精镗余量 0.15 mm。
③精镗孔，到要求的尺寸。

4. 工具、量具、刃具清单（见表 3—17）

表 3—17　　工具、量具、刃具清单

序号	名称	规格	精度	数量	单位
1	Z 轴设定器	50 mm	0.01 mm	1	个
2	游标卡尺	0 ~ 150 mm	0.02 mm	1	把
3	游标深度尺	0 ~ 200 mm	0.02 mm	1	把
4	内径百分表	18 ~ 35、35 ~ 50	0.01	2	套
5	百分表及表座	0 ~ 10	0.01	1	个
6	粗糙度样板	N0 ~ N1	12 级	1	副
7	平行垫铁			若干	副
8	盘铣刀	ϕ80 mm		1	个
9	立铣刀	ϕ22 mm		1	个
10	中心钻	A2		1	个
11	麻花钻	ϕ30 mm		1	个
12	镗刀	ϕ27 mm		1	个

5. 刀具与合理的切削用量（见表 3—18）

表 3—18　　刀具与合理的切削用量

序号	刀具规格	工序内容	f（mm/min）	a_p（mm）	n（r/min）
T01	ϕ80 mm 盘铣刀	精铣 B 平面至要求的尺寸	80	1	350
T02	ϕ22 mm 立铣刀	粗铣宽 50 mm 的通槽	80	—	380
		精铣通槽至要求尺寸	60	0.2	450
T03	A2 中心钻				800
T04	ϕ30 mm 麻花钻	钻 ϕ37 mm 孔至 ϕ30 mm	60	15	250
T05	镗刀	粗镗 ϕ37 mm 孔至 ϕ33 mm	60	1.5	350
		粗镗 ϕ37 mm 孔至 ϕ35 mm	60	1	400
		半精镗 ϕ37 mm 孔至 ϕ36.7 mm	45	0.35	450
		精镗 ϕ37 mm 孔至要求尺寸	30	0.15	450

二、编制数控加工程序

数控加工程序见表3—19。

表3—19　　　　　　　　　　数控加工程序

程序内容	说　明
O3005;	程序号是O3005
N10 T01 M06;	调用T01号刀具
N20 G40 G80 G90 G54 G00 X0 Y0;	取消刀具半径补偿，取消孔固定循环，绝对值编程，快进至X0 Y0位置
N30 G00 X45 Y-30;	快速定位至X45 Y-30位置
N40 S350 M03;	主轴正转，转速为350 r/min
N50 G43 H01 Z100;	调用1号刀具长度补偿，快速定位至Z100处
N60 Z10;	快进至Z10位置
N70 G01 Z0 F200;	直线进给至Z0位置
N80 X-150 F80;	直线进给至X-150位置
N90 Y-70;	直线进给至Y-70位置
N100 X0;	直线进给至X0位置
N110 G00 Z100;	快速退刀至工件上方100 mm处
N120 M05;	主轴停转
N130 T02 M06;	调用T02号刀具
N140 S380 M03;	主轴正转，转速为380 r/min
N150 G00 X-75 Y40;	快速定位至X-75 Y40位置
N170 G43 G00 Z5 H02;	调用2号刀具长度补偿，快速定位至工件上方5 mm处
N180 G01 Z-2.9 F80;	直线插补至Z-2.9处
N190 Y-140;	直线插补至Y-140处
N200 G01 G41 D02 X-50;	调用2号刀具半径补偿，直线插补至X-50处
N210 Y40;	直线插补至Y40处
N320 X-100;	直线插补至X-100处
N330 Y-140;	直线插补至Y-140处
N340 G01 G40 X-75;	取消刀具半径补偿，直线插补至X-75处
N380 G00 Z100;	快速提刀至Z100处
N390 M05;	主轴停转
N400 M00;	程序停止，测量并根据实际尺寸修改刀具补偿D02，利用T02号刀具，精铣通槽
N410 S450 M03;	主轴正转，转速为450 r/min
N430 G43 G00 Z5 H02;	调用2号刀具长度补偿，快速定位至工件上方5 mm处
N450 X-75 Y40;	快速定位至X-75 Y40处
N460 G01 Z-3 F60;	直线进给至Z-3处

续表

程序内容	说　明
N470 Y-140；	
N480 G01 G41 D02 X-50；	调用2号刀具半径补偿，直线进给至X-50处
N490 Y40；	
N500 X-100；	
N510 Y-140；	
N520 G01 G40 X-75；	取消刀具半径补偿，直线进给至X-75处
N530 G00 Z5；	
N540 M05；	
N550 T03 M06；	调用T03号刀具
N560 S800 M03；	主轴正转，转速为800 r/min
N570 G90 G00 X-75 Y-30；	快速定位至X-75 Y-30处
N580 G43 G00 Z30 H03；	调用3号刀具长度补偿
N590 G99 G81 Z-5 R5 F60；	调用孔加工固定循环，钻中心孔，*R*平面位于工件上方5 mm处
N600 G80 G00 Z200；	取消孔加工固定循环，快速退刀至Z200处
N610 M05；	主轴停转
N620 T04 M06；	调用T04号刀具
N630 S250 M03；	主轴正转，转速为250 r/min
N640 G90 G00 X-75 Y-30；	快速定位至X-75 Y-30
N650 G43 G00 Z30 H04；	调用4号刀具长度补偿，快速定位至工件上方30 mm处
N660 G99 G73 Z-17.9 R5 Q3 F35；	调用孔加工固定循环，钻孔，孔径保证为30 mm
N670 G80 G00 Z200；	取消孔固定循环，快速定位至工件上方200 mm处
N680 M05；	主轴停转
N690 T05 M06；	调用T05号刀具
N700 S350 M03；	主轴正转，转速为350 r/min
N710 G90 G00 X-75 Y-30；	快速定位至X-75 Y-30
N720 G43 G00 Z30 H05；	调用5号刀具长度补偿，快速定位至工件上方30 mm处
N730 G98 G82 Z-31 R5 P5 F60；	粗镗该孔，*R*平面位于工件上方5 mm处，孔底停5 s
N740 G80 G00 Z200；	
N770 S400 M03；	主轴正转，转速为400 r/min
N780 G90 G00 X-75 Y-30；	
N790 G43 G00 Z30 H05；	
N800 G90 G82 Z-18 R5 P5 F60；	
N810 G80 G00 Z200；	
N840 S450 M03；	主轴正转，转速为450 r/min
N850 G90 G00 X-75 Y-30；	
N860 G43 G00 Z30 H05；	

续表

程序内容	说　明
N870 G98 G82 Z-31 R5 P5 F45;	
N880 G80 G00 Z200;	
N890 S450 M03;	主轴正转，转速为450 r/min
N900 G90 G00 X-75 Y-30;	
N910 G43 G00 Z30 H05;	调用5号刀具长度补偿，快速定位至工件上方30 mm处
N920 G98 G76 Z-31 R5 Q0.2 P200 F30;	精镗孔，每次工进深度0.2 mm，*R*平面位于工件上方5 mm处
N930 G80 G00 Z200;	
N940 M05;	主轴停转
N950 M30;	程序结束

◎加工知识

一、镗孔循环（G85）

指令格式：G17/G18/G19 G98/G99 G85 X_ Y_ Z_ R_ P_ F _ K_；

其中　X_ Y_：孔位数据；

Z_：从*R*点到孔底的距离；

R_：从初始位置到*R*点位置的距离；

F_：切削进给深度；

K_：重复次数；

G17/G18/G19：确定加工平面为*XY*、*YZ*、*XZ*；

G98/G99：G98为返回初始平面，如图3—26所示；G99为返回到*R*平面，如图3—27所示。

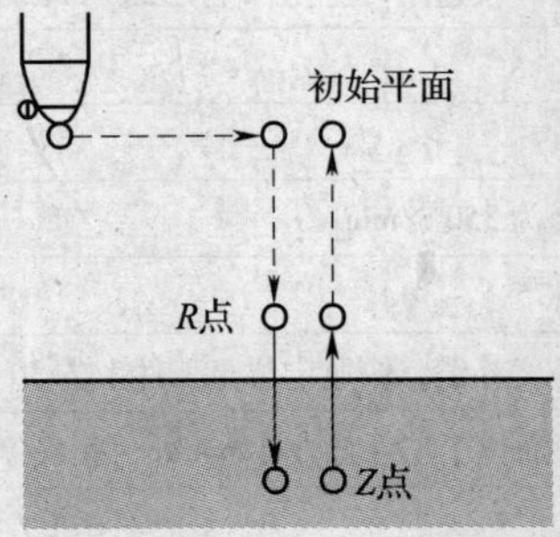

图3—26　G85（G98）走刀轨迹

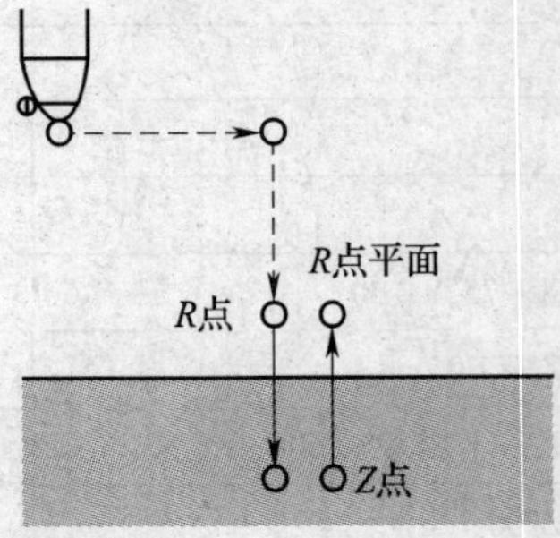

图3—27　G85（G99）走刀轨迹

指令应用：该循环用于镗孔。

指令说明：

（1）沿着*X*和*Y*轴定位以后，快速移动到*R*点，然后，从*R*点到*Z*点执行镗孔。

（2）当到达孔底（*Z*点）时，执行切削进给，然后返回到*R*点。

（3）在指定G85之前，用辅助功能（M代码）旋转主轴。

（4）当G85指令和M代码在同一程序段中指定时，在第一个定位动作的同时执行M代码。然后，系统处理下一个镗孔动作。

（5）当指定重复次数 K 时，只对第一个孔执行 M 代码；对第二个或以后的孔，不执行 M 代码。

（6）当在固定循环中指定刀具长度偏置（G43、G44 或 G49）时，在定位到 R 点的同时加偏置。

二、精镗循环（G76）

指令格式：G17/G18/G19 G98/G99 G76 X_ Y_ Z_ R_ Q_ P_ F_ K_;

其中 X_ Y_：孔位数据；

Z_：从 R 点到孔底的距离；

R_：从初始位置到 R 点位置的距离；

Q_：孔底的偏移量；

P_：在孔底的暂停时间；

F_：切削进给速度；

K_：重复次数；

G17/G18/G19：确定加工平面为 XY、YZ、XZ；

G98/G99：G98 为返回初始平面，如图 3—28 所示；G99 为返回到 R 平面，如图 3—29 所示。

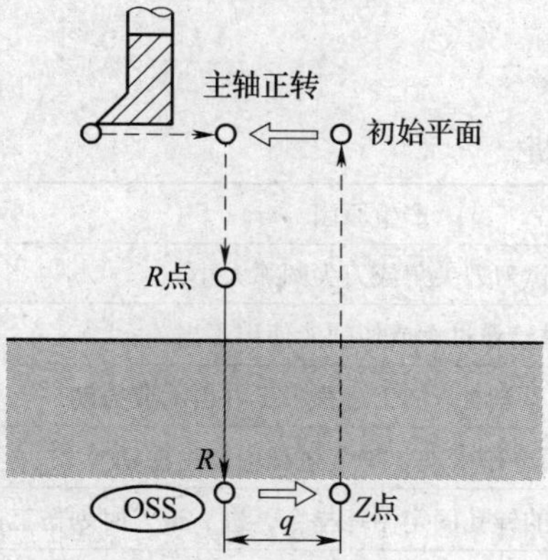

图 3—28　G76（G98）走刀轨迹

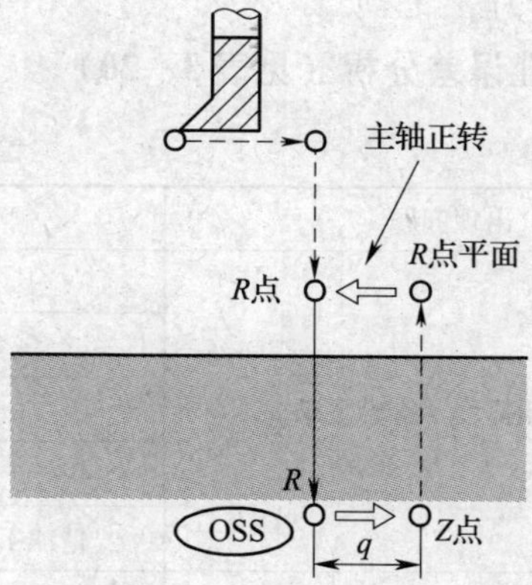

图 3—29　G76（G99）走刀轨迹

指令应用：精镗循环镗削精密孔。当到达孔底时，主轴停止，切削刀具离开工件的被加工表面并返回。

指令说明：

（1）当到达孔底时，主轴在固定的旋转位置停止，并且刀具向刀尖的相反方向移动退刀。这样可以保证加工面不被破坏，实现精密和有效的镗削加工。

（2）在指定 G76 之前，用辅助功能（M 代码）旋转主轴。

（3）当 G76 指令和 M 代码在同一程序段中指定时，在第一个定位动作的同时执行 M 代码。然后，系统处理下一个动作。

（4）当指定重复次数 K 时，只对第一个孔执行 M 代码；对第二个或以后的孔，不执行 M 代码。

（5）当在固定循环中指定刀具长度偏置（G43、G44 或 G49）时，在定位到 R 点的同时加偏置。

三、镗孔加工的关键技术

镗孔加工的关键技术是解决镗刀杆的刚度问题和排屑问题。

1. 刚度问题的解决方案

（1）选择截面积大的刀杆。镗刀刀杆的截面积通常为内孔截面积的1/4。因此，为了增加刀杆的刚度，应根据所加工孔的直径和预制孔的直径，尽可能选择截面积大的刀杆。

通常情况下，孔径在30 ~ 120 mm范围内，镗刀刀杆的直径一般为孔径的0.7 ~ 0.8倍。孔径小于30 mm时，镗刀刀杆的直径取孔径的0.8 ~ 0.9倍。

（2）刀杆的伸出长度尽可能短。镗刀刀杆伸得太长，会降低刀杆刚度，容易引起振动。因此，为了增加刀杆的刚度，选择刀杆长度时，只需选择刀杆伸出长度略大于孔深即可。

（3）选择合适的切削角度。为了减小切削过程中由于受径向力作用而产生的振动，镗刀的主偏角一般应选得较大。镗铸铁孔或精镗时，一般取 $k_r = 92°$；粗镗钢件孔时，取 $k_r = 60° \sim 75°$，以提高刀具的使用寿命。

2. 排屑问题的解决方案

排屑问题主要通过控制切屑流出方向来解决。精镗孔时，要求切屑流向待加工表面（即前排屑），此时选择正刃倾角的镗刀。加工盲孔时，通常向刀杆方向排屑，此时选择负刃倾角的镗刀。

3. 镗孔误差分析（见表3—20）

表3—20　　镗孔的误差分析

出现问题	产生原因
表面粗糙度不符合要求	镗刀刀尖角或刀尖圆弧太小
	进给量过大或切削液使用不当
	工件装夹不牢固，加工过程中工件松动或振动
	镗刀刀杆刚度差，加工过程中产生振动
	精加工时采用不合适的镗孔固定循环指令，进、退刀时划伤工件表面
孔径超差或呈锥形	镗刀回转半径调整不当，与所加工孔径不符
	测量不正确
	镗刀在加工过程中磨损
	镗刀刚度不足，镗刀偏让
	镗刀刀头锁紧不牢固
孔轴线与基准面不垂直	工件装夹与找正不正确
	工件定位基准选择不当

练　习　题

一、判断题（正确的画“√”，错误的画“×”）

1. 用于反镗孔的指令是G86。　　（　　）

2. G85 指令中，G99 为返回初始平面，G98 为返回到 R 平面。（ ）

3. 当 G76 指令和 M 代码在同一程序段中指定时，在第一个定位动作的同时执行 M 代码。然后，系统处理下一个动作。（ ）

4. 精镗孔时，要求切屑流向待加工表面。此时，选择负刃倾角的镗刀。（ ）

5. 加工盲孔时，通常向刀杆方向排屑，此时选择正刃倾角的镗刀。（ ）

6. 为了减小切削过程中由于受径向力作用而产生的振动，镗刀的主偏角一般应选得较大。（ ）

二、选择题（将正确答案的代号写在括号内）

1. 用于反镗孔的指令是（ ）。

A. G84　　B. G85　　C. G86　　D. G87

2. 双刃镗刀最大镗孔直径可达（ ）mm。

A. 200　　B. 500　　C. 1 000　　D. 1 500

3. 下列指令是固定循环指令的为（ ）。

A. G00、G01　　B. G04、G20、G21　　C. G74、G84、G86　　D. G92、G99

三、简答题

1. 镗孔时出现孔径超差或呈锥形的原因是什么？

2. 镗孔时，如何解决镗刀刀杆刚度问题？

第四单元　应用简化编程零件的加工

模块一　应用镜像指令零件的加工

◎知识技能要求

1. 掌握 G51. 1、G50. 1 指令的编程格式。
2. 掌握镜像指令运用技巧。
3. 能独立操作加工中心，根据编写的程序加工出工件。

◎加工要求

在加工之前，首先仔细识读图样，图 4—1 的零件轮廓具有沿某一轴线对称的特性。根据这一特点选择 G51. 1、G50. 1 镜像编程指令，对零件进行程序的编制。

◎加工任务

在加工中心上加工如图 4—1 所示的零件，毛坯如图 4—2 所示，材料为 45 钢。

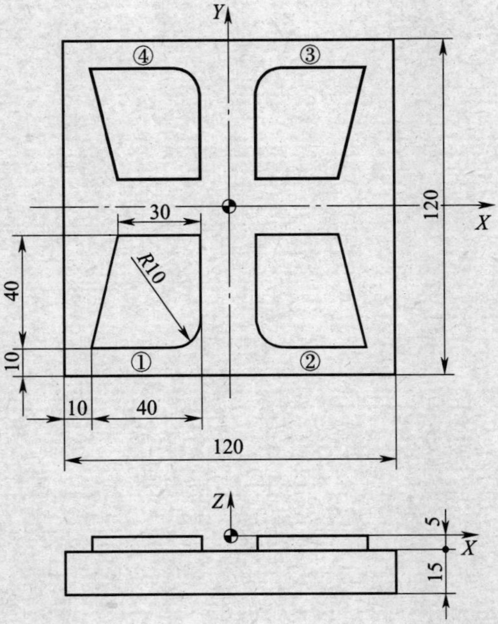

图 4—1　零件图

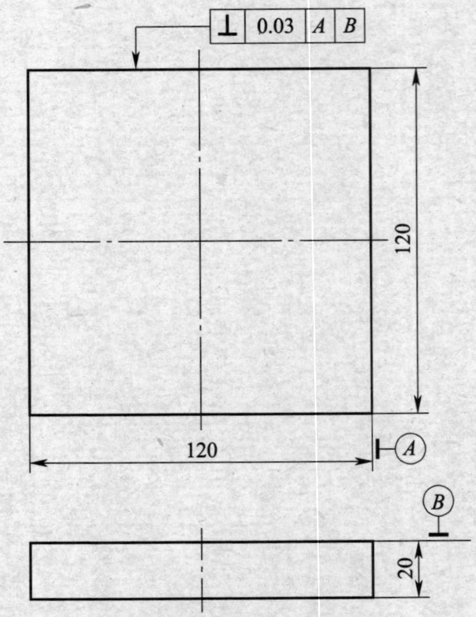

图 4—2　毛坯图

一、确定数控铣削加工工艺

1. 分析零件图

该零件表面由 4 个凸台组成，且凸台以图 4—1 中的坐标轴为对称轴。零件材料为 45

钢。尺寸标注完整，轮廓描述清楚。无热处理和硬度要求。

2. 确定装夹方案

选用机床用平口虎钳装夹工件，底部用垫铁垫起，伸出钳口 6 ~ 8 mm，并用百分表找正。

3. 加工路线

（1）首先粗铣轮廓①。

（2）依次粗铣轮廓②，铣削轮廓③，铣削轮廓④。

（3）依次精铣轮廓①、②、③、④。

4. 工具、量具、刃具清单（见表 4—1）

表 4—1　　工具、量具、刃具清单

序号	名称	规格	精度	数量	单位
1	*Z* 轴设定器	50 mm	0.01 mm	1	个
2	游标卡尺	0 ~ 150 mm	0.02 mm	1	把
3	游标深度尺	0 ~ 200 mm	0.02 mm	1	把
4	平行垫铁			若干	个
5	立铣刀	ϕ20 mm		1	个
6	机床用平口虎钳	QH160		1	个
7	塑胶榔头			1	个
8	呆扳手			若干	把

5. 刀具与合理的切削用量（见表 4—2）

表 4—2　　刀具与合理的切削用量

序号	刀具规格	工序内容	f（mm/min）	a_p（mm）	n（r/min）
T01	ϕ20 mm 立铣刀	粗铣 4 个凸台轮廓，留余量 0.4 mm	60	5	700
T02	ϕ12 mm 立铣刀	精铣 4 个凸台轮廓，至图样尺寸	50		800

6. 设定工件坐标系

根据图样特点，确定工件原点为坯料上表面的中心，并通过对刀设定原点偏置 G54。

二、编制数控加工程序

1. 粗加工程序（见表 4—3）

表 4—3　　粗加工程序

程序内容	说明
O4001;	主程序号是 O4001
N10 T01 M06;	调用 T01 号刀具
N20 G54 G90 G00 G43 Z200 H01;	工件坐标系 G54，绝对编程，调用 H01 号刀具长度补偿并快速移动到 Z200 处
N30 M03 S700 F60;	主轴正转，转速为 700 r/min，进给量为 60 mm/min
N40 M98 P4002;	调用子程序 O4002，运行 1 次，加工图 4—1 中的①

续表

程序内容	说明
N50 G51.1 X0;	以 X=0 为对称轴，设置可编程镜像
N60 M98 P4002;	调用子程序 O4002，运行 1 次，加工图 4—1 中的②
N70 G51.1 Y0;	以 Y=0 为对称轴，设置可编程镜像
N80 M98 P4002;	调用子程序 O4002，运行 1 次，加工图 4—1 中的③
N90 G50.1 X0;	取消 X=0 为对称轴，Y=0 为对称轴仍然有效
N100 M98 P4002;	调用子程序 O4002，运行 1 次，加工图 4—1 中的④
N110 G50.1 Y0;	Y=0 为对称轴也取消
N120 G49 G90 Z100;	取消刀具长度补偿，Z 轴快速移动到 Z100 处
N130 M30;	程序结束
O4002;	子程序号是 O4002
N10 G90 G00 X-80 Y0;	刀具中心点快速移动到（-80，0）
N20 G00 Z-5;	刀具快速下刀到 Z-5 处
N30 G41 G00 X-75 Y-10 D01;	刀具左补偿快速移动到（-75，-10），刀具半径补偿值 D01=10.2
N40 G01 X-10;	顺时针沿外轮廓加工
N50 Y-40;	
N60 G02 X-20 Y-50 R10;	
N65 G01 X-40 Y-10;	
N70 G01 X-50 Y-50;	
N80 G01 X-10 Y-10;	
N90 G00 Z10;	刀具快速抬到 Z10 处
N100 G40 G00 X0 Y0;	取消刀具半径补偿，刀具快速移动到（0，0）
N110 M05;	主轴停止转动
N120 M30;	程序结束

2. 精加工程序（见表 4—4）

表 4—4 精加工程序

程序内容	说明
O4003;	主程序号是 O4003
N10 T02 M06;	换 T02 号刀具
N20 G54 G90 G00 G43 Z200 H02;	工件坐标系 G54，绝对编程，调用 H02 号刀具长度补偿并快速移动到 Z200 处
N30 M03 S800 F50;	主轴正转，转速为 800 r/min，进给量为 50 mm/min
N40 M98 P4004;	调用子程序 O4004，运行 1 次，加工图 4—1 中的①
N50 G51.1 X0;	以 X=0 为对称轴，设置可编程镜像
N60 M98 P4004;	调用子程序 O4004，运行 1 次，加工图 4—1 中的②
N70 G51.1 Y0;	以 Y=0 为对称轴，设置可编程镜像
N80 M98 P4004;	调用子程序 O4004，运行 1 次，加工图 4—1 中的③
N90 G50.1 X0;	取消 X=0 为对称轴，Y=0 为对称轴仍然有效

续表

程序内容	说明
N100 M98 P4004;	调用子程序 O4004，运行 1 次，加工图 4—1 中的④
N110 G50. 1 Y0;	Y = 0 为对称轴也取消
N120 G49 G90 Z100;	取消刀具长度补偿，*Z* 轴快速移动到 Z100 处
N130 M30;	程序结束
O4004;	子程序号是 O4004
N10 G90 G00 X −80 Y0;	刀具中心点快速移动到（−80，0）
N20 G00 Z −5;	刀具快速下刀到 Z −5 处
N30 G41 G00 X −75 Y −10 D01;	刀具左补偿快速移动到（−75，−10），刀具半径补偿值 D01 = 6
N40 G01 X −10;	顺时针沿外轮廓加工
N50 Y −40;	
N60 G02 X −20 Y −50 R10;	
N65 G01 X −40 Y −10;	
N70 G01 X −50 Y −50;	
N80 G01 X −10 Y −10;	
N90 G00 Z10;	刀具快速抬到 Z10 处
N100 G40 G00 X0 Y0;	取消刀具半径补偿，刀具快速移动到（0，0）
N110 M05;	主轴停止转动
N120 M30;	程序结束

◎加工知识

可编程镜像指令（G51. 1、G50. 1）

指令格式：G51. 1 IP_；设置可编程镜像

…

镜像前原始图形的程序段

…

G50. 1 IP_；　取消可编程镜像

指令应用：用编程的镜像指令可实现坐标轴的对称加工，如图 4—3 所示。

指令说明：

（1）平面选择 G 代码（G17、G18 或 G19）。在可编程镜像指令 G 代码（G51. 1）的程序段之前指定平面选择代码（G17、G18 或 G19）。平面选择代码不能在可编程镜像方式中指定。

（2）设置镜像。如果指定可编程镜像功能，同时又用 CNC 外部开关或 CNC 的设置生成镜像时，则可编程镜像功能首先执行。

（3）在指定平面对某个轴镜像时，使下列指令发生变化，见表 4—5。

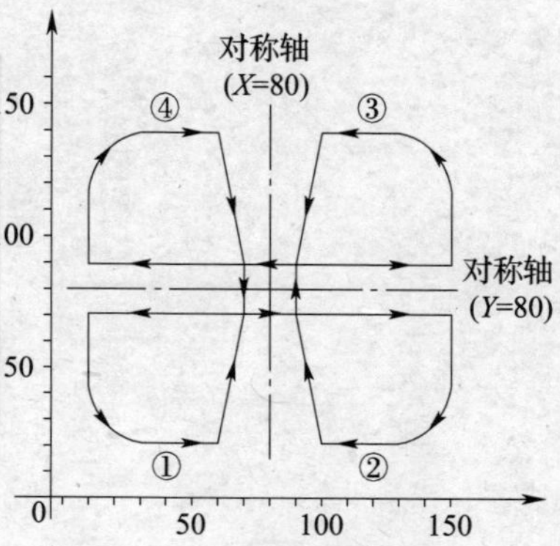

图 4—3　可编程镜像指令

表 4—5　　　　　　　　　　　　　　指令变化

指　　令	说　　明
圆弧指令	G02 和 G03 被互换
刀具半径补偿	G41 和 G42 被互换
坐标旋转	CW 和 CCW（旋转方向）被互换

编程举例：

O0503；	程序名
N10 T01 M6；	换 T01 号刀具
N20 G54 G90 G00 G43 H01 Z200；	刀具补偿后，刀具快速移动到 Z200 处
N30 M03 S700；	主轴正转，转速为 700 r/min
N40 M98 P0504；	调用 O0504 子程序（程序略）加工图 4—3 中的①
N50 G51.1 X80；	以 X = 80 为对称轴，应用镜像指令
N60 M98 P0504；	调用 O0504 子程序（程序略）加工图 4—3 中的②
N70 G51.1 Y80；	以 Y = 80 为对称轴，应用镜像指令
N80 M98 P0504；	调用 O0504 子程序（程序略）加工图 4—3 中的③
N90 G50.1 X80；	取消 X = 80 为对称轴，Y = 80 为对称轴仍然有效
N100 M98 P0504；	调用 O0504 子程序（程序略）加工图 4—3 中的④
N110 G50.1 Y80；	取消 Y = 80 为对称轴
N120 G49 G90 Z100；	取消刀具长度补偿，Z 轴快速移动到 Z100 处
N130 M30；	程序结束

练　习　题

一、简答题

编程镜像指令应用于哪类加工？

二、如图 4—4 所示，用 ϕ10 mm 立铣刀精铣圆弧凸台轮廓，精加工余量 0.3 mm，凸台高为 4 mm。要求用镜像功能编程。材料 45 钢。

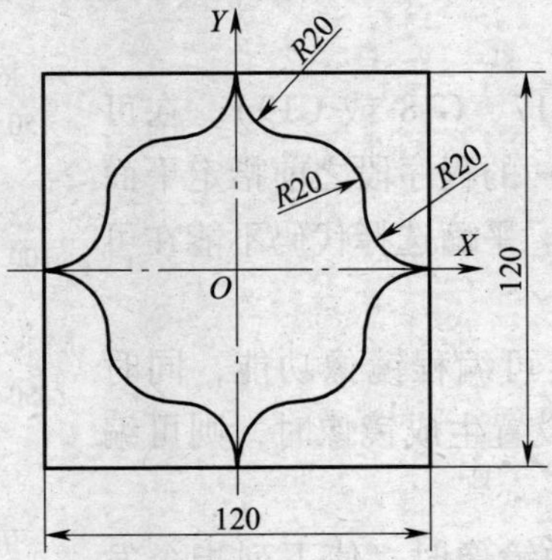

图 4—4　零件图

模块二　应用旋转指令零件的加工

◎知识技能要求

1. 掌握 G68、G69 指令的编程格式。
2. 能运用旋转指令进行简化编程加工。
3. 能独立操作加工中心，根据编写的程序加工出工件。

◎加工要求

在加工之前，首先仔细识读图样，图 4—5 的轮廓具有沿某一点对称的特性。根据这一特点选择 G68、G69 旋转编程指令，对零件进行程序的编制。

◎加工任务

在加工中心上加工如图 4—5 所示的零件，毛坯如图 4—6 所示，材料为 45 钢。

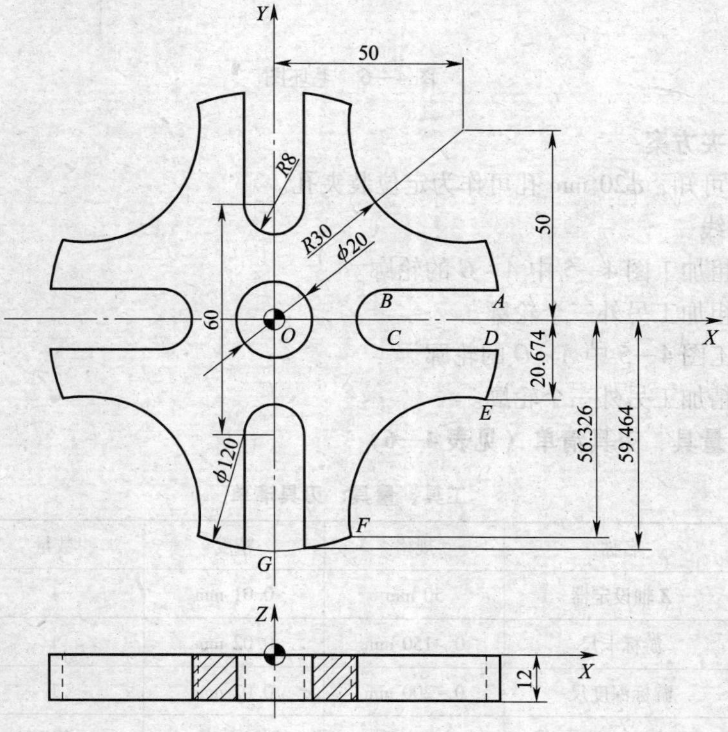

图 4—5　零件图

一、确定数控铣削加工工艺

1. 分析零件图

该零件具有对称性，且以毛坯中心为旋转轴。零件材料为 45 钢。尺寸标注完整，轮廓描述清楚。无热处理和硬度要求。

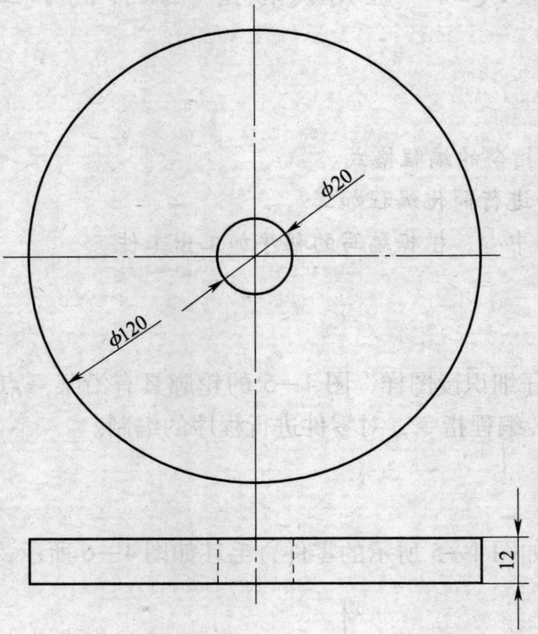

图 4—6　毛坯图

2. 确定装夹方案

由图 4—6 可知，$\phi 20$ mm 孔可作为定位装夹孔。

3. 加工路线

（1）首先粗加工图 4—5 中 $A \sim G$ 的轮廓。

（2）依次粗加工另外三个轮廓。

（3）精加工图 4—5 中 $A \sim G$ 的轮廓。

（4）依次精加工另外三个轮廓。

4. 工具、量具、刃具清单（见表 4—6）

表 4—6　　**工具、量具、刃具清单**

序号	名称	规格	精度	数量	单位
1	Z 轴设定器	50 mm	0.01 mm	1	个
2	游标卡尺	0 ~ 150 mm	0.02 mm	1	把
3	游标深度尺	0 ~ 200 mm	0.02 mm	1	把
4	平行垫铁			若干	个
5	立铣刀	$\phi 12$ mm		1	个
6	双头螺杆	M18		1	个
7	螺母	M18		若干	个
8	呆扳手			若干	把

5. 刀具与合理的切削用量（见表4—7）

表4—7　　刀具与合理的切削用量

序号	刀具规格	工序内容	f（mm/min）	a_p（mm）	n（r/min）	刀具长度补偿	刀具半径补偿
T01	ϕ12 mm 立铣刀	粗铣外轮廓，留余量0.4 mm	50	5	700		D01 = 6.2
		精铣外轮廓，至图样尺寸	40		800		D02 = 6

6. 设定工件坐标系

根据图样特点，确定工件原点为坯料上表面的中心处，并通过对刀设定原点偏置G54。

二、编制数控加工程序

1. 粗加工程序（见表4—8）

表4—8　　粗加工程序

程序内容	说明
O0421;	主程序号是O0421
N10 T01 M06;	调用T01号刀具
N20 G54 G40 G49 G00 X0 Y0;	工件坐标系G54
N30 G90 G00 Z200 M03 S700 F50;	绝对编程，快速移动到Z200处，主轴正转，转速为700 r/min，进给量为50 mm/min
N40 G00 X80 Y0;	刀具快速移动到（80，0）
N50 G01 Z-12 M08;	刀具快速下刀到Z-12处，切削液开
N60 M98 P0422;	调用子程序O0422，运行1次，粗加工$A \sim G$轮廓
N70 M98 P30423;	调用子程序O0423，运行3次，粗加工另外三个轮廓
N80 G69 G49 G90 G00 Z10;	取消旋转及刀具长度补偿指令，刀具快速抬刀到Z10处
N90 M05 M09;	主轴停转，切削液关
N100 M30;	程序结束
O0422;	子程序号是O0422
N10 G90 G41 G01 X70 Y8 D01;	刀具左补偿移动到（70，8），D01 = 6.2
N20 X59.464;	刀具移动到A点
N30 X30;	刀具移动到B点
N40 G03 Y-8 R-8;	刀具移动到C点
N50 G01 X59.464;	刀具移动到D点
N60 G02 X56.326 Y-20.674 R60;	刀具移动到E点
N70 G03 X20.674 Y-56.326 R30;	刀具移动到F点
N80 G02 X0 Y-60 R60;	刀具移动到G点
N90 G01 Y-70;	刀具沿Y轴移动到Y-70处
N100 G40 G00 Y-80;	取消刀具半径补偿，刀具沿Y轴快速移动到Y-80处

续表

程序内容	说明
N110 M99；	子程序结束
O0423；	子程序号 O0423
N10 G91 G68 X0 Y0 R－90；	坐标系顺时针绕原点旋转增量 90°
N20 M98 P0422；	调用子程序 O0422
N30 M99；	子程序结束

2. 精加工程序（略）

只需将刀具半径补偿值设为 D02＝6，并修改相应的主轴转速和切削用量即可。

◎加工知识

坐标系旋转指令（G68、G69）

指令格式：G17 G68 X_ Y_ R_ ；　　坐标系开始旋转

…
　　} 坐标系旋转方式的程序段
…

G69；　　坐标系旋转取消指令

其中　X_ Y_ ：旋转中心的绝对坐标值；

R_ ：角度位移，正值表示逆时针旋转。

指令应用：编程形状能够旋转。用该功能（旋转指令）可将工件旋转某一指定的角度，如图 4—7 所示。另外，如果工件的形状由许多相同的图形组成，则可将图形单元编成子程序，然后用主程序的旋转指令调用。这样可简化编程，省时、省存储空间。

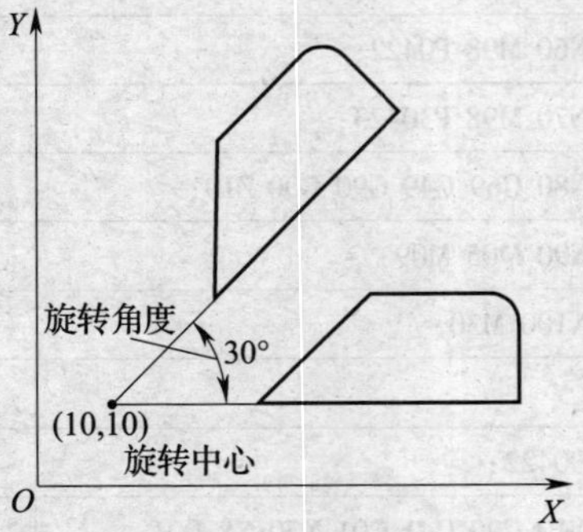

图 4—7　坐标系旋转指令

指令说明：

（1）平面选择 G 代码（G17、G18 或 G19）。在坐标系旋转 G 代码（G68）的程序段之前指定平面选择代码（G17、G18 或 G19）。平面选择代码不能在坐标系旋转方式中指定。

（2）坐标系旋转方式中的增量值的指令。当 G68 被编程时，在 G68 之后，绝对值指令之前，增量值指令的旋转中心是刀具位置。

（3）旋转中心不指定时，则 G68 程序段的刀具位置认为是旋转中心。

（4）角位移。若程序中未编制 R 值，则参数 No. 5410 中的值被认为是角度位移值。

（5）坐标系旋转取消指令。取消坐标系旋转方式的 G 代码（G69）可以指定在其他指令程序段中。

（6）刀具补偿。在坐标系旋转之后，执行刀具半径补偿、刀具长度补偿、刀具偏置和其他补偿操作。

编程举例：

O0500；	程序号
N10 T01 M6；	换 T01 号刀具
N20 G54 G90 G00 G43 H01 Z200；	调用工件坐标系 G54，绝对坐标编程，刀具补偿后，刀具快速移动到 Z200 处
N30 M03 S700；	主轴正转，转速为 700 r/min
N40 G00 X10 Y10；	刀具快速移动到（10，10）
N50 G00 Z－5；	刀具快速下刀到 Z－5
N60 G68 X10 Y10 R30；	以（10，10）为旋转中心，调用坐标系旋转指令，逆时针旋转 30°
N70 M98 P0540；	调用 O0540 子程序，加工轮廓
N80 G69；	取消坐标系旋转指令
N90 G90 G49 G00 Z10；	刀具快速抬刀到绝对坐标 Z10 处，并取消长度补偿
N100 M30；	程序结束

练　习　题

一、简答题

坐标系旋转指令应用有哪些？

二、如图 4—8 所示，用 ϕ10 mm 立铣刀精加工外轮廓，精加工余量为 0.3 mm，凸台高为 5 mm。要求用旋转功能编程。材料 45 钢。

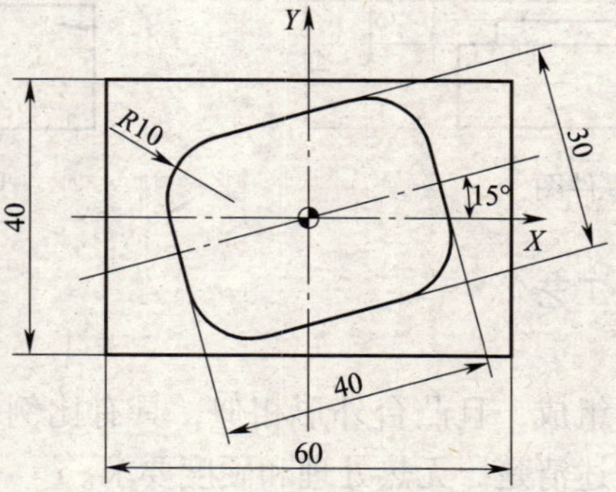

图 4—8　零件图

模块三　应用缩放指令零件的加工

◎知识技能要求

1. 掌握 G50、G51 指令的编程格式。
2. 能运用缩放指令进行简化编程加工。

3. 能独立操作加工中心，根据编写的程序加工出工件。

◎加工要求

在加工之前，首先仔细识读图样，图 4—9 的轮廓具有相似性。根据这一特点选择 G50、G51 缩放编程指令，对零件进行程序的编制。

◎加工任务

在加工中心上，利用缩放功能指令加工如图 4—9 所示的零件，缩放中心为（15，15），放大 2 倍。毛坯如图 4—10 所示。

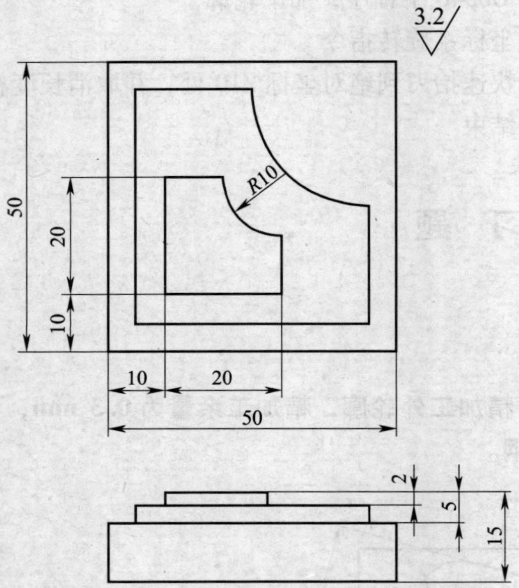

图 4—9 零件图

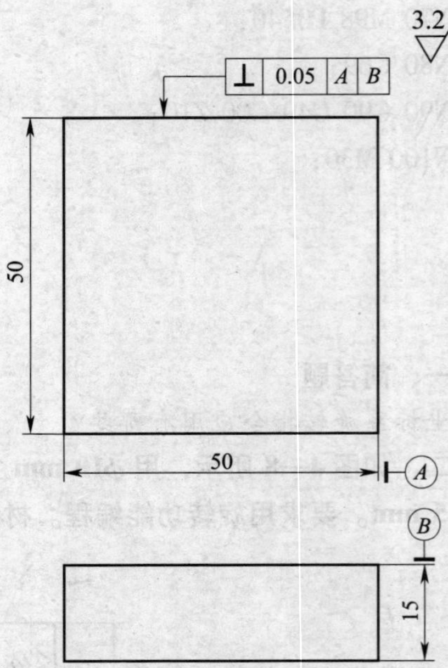

图 4—10 毛坯图

一、确定数控铣削加工工艺

1. 分析零件图

该零件表面由 2 个凸台组成，且凸台外形相似，具有比例缩放的性质。零件材料为 45 钢。尺寸标注完整，轮廓描述清楚。无热处理和硬度要求。

2. 确定装夹方案

选用机床用平口虎钳装夹工件，底部用垫铁垫起，伸出钳口 6 ~ 8 mm，并用百分表找正。

3. 加工路线

（1）首先粗加工缩放前轮廓。

（2）粗加工缩放后轮廓。

（3）精加工缩放前轮廓。

（4）精加工缩放后轮廓。

4. 工具、量具、刃具清单（见表4—9）

表4—9　　工具、量具、刃具清单

序号	名称	规格	精度	数量	单位
1	*Z*轴设定器	50 mm	0.01 mm	1	个
2	游标卡尺	0～150 mm	0.02 mm	1	把
3	游标深度尺	0～200 mm	0.02 mm	1	把
4	平行垫铁			若干	个
5	双刃立铣刀	ϕ16 mm		1	个
6	三刃立铣刀	ϕ10 mm		1	个
7	机床用平口虎钳	QH160		1	个
8	塑胶榔头			1	个
9	呆扳手			若干	把

5. 刀具与合理的切削用量（见表4—10）

表4—10　　刀具与合理的切削用量

序号	刀具规格	工序内容	*f*（mm/min）	a_p（mm）	*n*（r/min）	刀具长度补偿（mm）	刀具半径补偿（mm）
T01	ϕ16 mm 双刃立铣刀	粗铣缩放前外轮廓，留余量0.4 mm	60	2	700	－5	8.2
		粗铣缩放后外轮廓，留余量0.4 mm	60	3	700	－5	8.2
T02	ϕ10 mm 三刃立铣刀	精铣缩放前外轮廓，至图样尺寸	50		800	－8	5
		精铣缩放后外轮廓，至图样尺寸	50		800	－8	5

6. 设定工件坐标系

根据图样特点，确定工件的左前下角为工件原点，并通过对刀设定原点偏置G54。

二、编制数控加工程序

1. 粗加工程序见表4—11。

表4—11　　粗加工程序

程序内容	说明
O0431；	主程序号是O0431
N10 T01 M06；	调用T01号刀具
N20 G54 G90 G00 G43 Z200 H01；	工件坐标系G54，绝对编程，调用H01号刀具长度补偿并快速移动到Z200处
N30 M03 S700 F60；	主轴正转，转速为700 r/min，进给量为60 mm/min
N40 G00 X0 Y－20 Z25；	刀具快速移动到（0，－20，25）处

程序内容	说明
N50 G00 Z13 M08；	刀具快速下刀到 Z13 处，切削液开
N60 G51 X15 Y15 P1；	以（15，15）为缩放中心调用缩放指令，放大 1 倍。粗铣缩放前轮廓一圈
N70 M98 P0432；	调用子程序 O0432，运行 1 次
N80 G50；	取消比例缩放指令
N90 M98 P0432；	调用子程序 O0432，运行 1 次，粗铣缩放前轮廓第二圈，留加工余量 0.4 mm
N100 G00 Z10；	刀具快速下刀到 Z10
N110 G51 X15 Y15 P2；	以（15，15）为缩放中心调用缩放指令，放大 2 倍。粗铣缩放后轮廓一圈，留加工余量 0.4 mm
N120 M98 P0432；	调用子程序 O0432，运行 1 次
N130 G50；	取消比例缩放指令
N140 M05 M09；	主轴停转，切削液关
N150 M30；	程序结束
O0432；	子程序号是 O0432
N10 G41 G00 X10 Y－20 D01；	刀具半径左补偿，快速移动到（10，－20），D01＝8.2
N20 G01 Y30；	刀具铣削左侧的直线
N30 G01 X20；	刀具铣削上面的直线
N40 G03 X30 Y20 R10；	刀具铣削 *R*10 mm 圆弧
N50 G01 Y10；	刀具铣削右侧直线
N60 G01 X－20；	刀具铣削下面的直线，并铣出工件
N70 G40 G00 Y－20；	取消刀具半径补偿，沿 *Y* 轴移动到 Y－20 处
N80 M99；	子程序结束

2. 精加工程序见表 4—12。

表 4—12　　精加工程序

程序内容	说明
O0403；	主程序号是 O0403
N10 T02 M06；	调用 T02 号刀具
N20 G54 G90 G00 G43 Z200 H02；	工件坐标系 G54，绝对编程，调用 H02 号刀具长度补偿并快速移动到 Z200 处
N30 M03 S800 F50；	主轴正转，转速为 800 r/min，进给量为 50 mm /min
N40 G00 X0 Y－20 Z25；	刀具快速移动到（0，－20，25）处
N50 G00 Z13 M08；	刀具快速下刀到 Z13 处，切削液开
N60 M98 P0433；	调用子程序 O0433，运行 1 次，精加工缩放前轮廓
N70 G00 Z10；	刀具快速下刀到 Z10 处
N80 G51 X15 Y15 P2；	以（15，15）为缩放中心调用缩放指令，放大 2 倍，精加工缩放后轮廓
N90 M98 P0433；	调用子程序 O0433，运行 1 次

续表

程序内容	说明
N100 G50;	取消比例缩放指令
N110 M05 M09;	主轴停转，切削液关
N120 M30;	程序结束
O0433;	子程序号是 O0433
N10 G41 G00 X10 Y -20 D02;	刀具半径左补偿，快速移动到（10，-20），D02 =5
N20 G01 Y30;	刀具铣削左侧的直线
N30 G01 X20;	刀具铣削上面的直线
N40 G03 X30 Y20 R10;	刀具铣削 *R*10 mm 圆弧
N50 G01 Y10;	刀具铣削右侧直线
N60 G01 X -20;	刀具铣削下面的直线，并铣出工件
N70 G40 G00 Y -20;	取消刀具半径补偿，沿 *Y* 轴移动到 Y -20 处
N80 M99;	子程序结束

◎加工知识

比例缩放（G51、G50）

指令格式一：

沿所有轴以相同的比例缩放，如图 4—11 所示。

G51 X_ Y_ Z_ P_ ；设置可编程缩放

…
… } 缩放有效的程序段

G50 ； 缩放取消

指令格式二：

沿各轴以不同的比例缩放，如图 4—12 所示。

G51 X_ Y_ Z_ I_ J_ K_ ；设置可编程缩放

…
… } 缩放有效的程序段

G50 ； 缩放取消

X_ Y_ Z_ ：比例缩放绝对坐标的中心值；

P_ ：缩放比例；

I_ J_ K_ ：各轴对应的缩放比例。

指令应用：编程的形状被放大和缩小（比例缩放）。用 X_ Y_ Z_ 指定的尺寸可以放大和缩小相同或不同的比例。比例可以在程序中指定。除了在程序中指定以外，还可用参数指定比例。

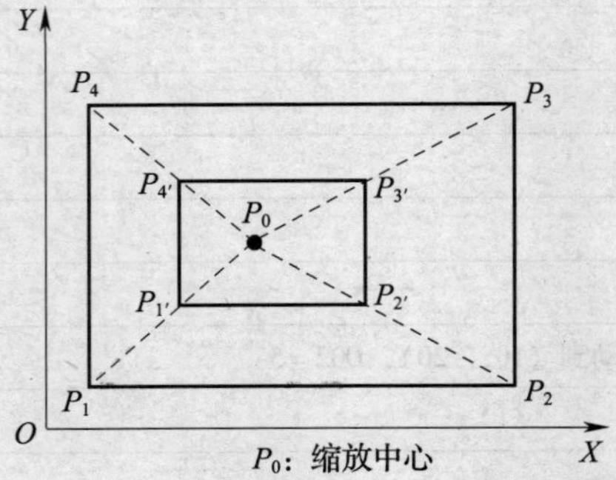

图 4—11　沿所有轴以相同的比例缩放

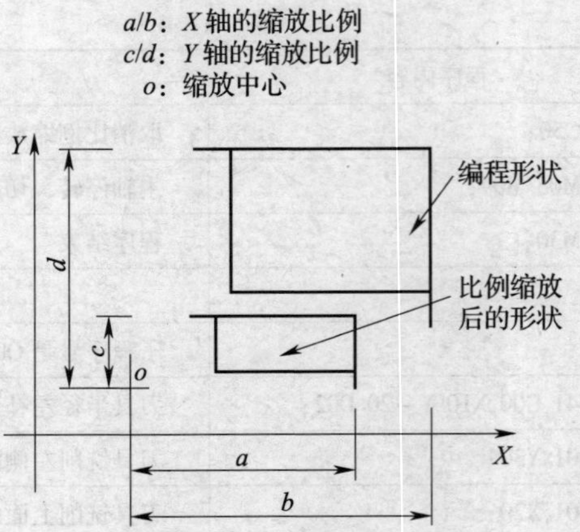

图 4—12　沿各轴以不同的比例缩放

指令说明：

（1）以相同比例沿所有轴放大或缩小。比例缩放的最小输入增量单位是 0.001 或 0.000 01，取决于参数 SCR（No. 5400#7）的设定。用参数 SCLX（No. 5401#0）设定执行缩放的坐标轴。如果比例 P 未在程序段（G51 X_ Y_ Z_ P_ ;）中指定，则使用参数（No. 5411）设定的比例。如果省略 X、Y 和 Z，则以 G51 指令的刀具位置作为缩放中心。

（2）各轴比例缩放，可编程镜像（负的比例）。各轴用不同的比例缩放。当指定负比例时，形成镜像。

（3）如果在程序中不指令比例 I、J 或 K，则参数（No. 5421）设定的比例有效。但是，参数中应设定 0 以外的值。

（4）小数点编程不能用于指定比例（I、J、K）。

（5）圆弧插补的比例缩放。即使对圆弧插补的各轴指定不同的缩放比例，刀具也不画出椭圆轨迹。

（6）刀具补偿。比例缩放对刀具半径补偿值、刀具长度补偿值和刀具偏置值无效。

（7）比例缩放的无效。在下面的固定循环中，*Z* 轴的移动缩放无效。

1）深孔钻循环（G83、G73）的切入值 Q 和返回值 d。

2）精镗循环（G76）。

3）背镗循环（G87）中 *X* 轴和 *Y* 轴的偏移值 Q。

4）手动运行时，移动距离不能用缩放功能增减。

（8）关于回参考点和坐标系的指令。在缩放状态，不能指令返回参考点的 G 代码（G27 ~ G30 等）和指令坐标系的 G 代码（G52 ~ G59，G92 等）。若必须指令这些 G 代码，应在取消缩放功能后指定。

编程举例：

如图 4—11 所示。

O4030;	程序号
⋮	⋮
N30 M03 S700;	主轴正转，转速 700 r/min
N40 G00 Z - 10;	刀具快速下刀到 Z - 10

N50 G51 X$\underline{X_0}$ Y$\underline{Y_0}$ P$\underline{p}$;　　以（X_0，Y_0）为缩放中心，调用缩放指令，缩放倍数为 p
N60 M98 P4031;　　调用 O4031 子程序（程序略）加工缩放后的轮廓
N70 G50;　　取消缩放指令
⋮　　⋮
N130 M30;　　程序结束

练　习　题

一、选择题（将正确答案的代号写在括号内）

1. FANUC 系统中，程序段 G51 X0 Y0 P1000 中，P 指令是（　　）。

A. 子程序号　B. 缩放比例　C. 暂停时间　D. 循环参数

2. FANUC 系统中，程序段 G51 X50 Y40 P1000 中，X50 Y40 是（　　）。

A. 偏移量　B. 缩放中心　C. 旋转中心　D. 暂停位置

二、简答题

比例缩放指令如何应用？

三、如图 4—13 所示，用 ϕ16 mm 立铣刀铣相似轮廓。要求用缩放指令编程。材料为 45 钢。

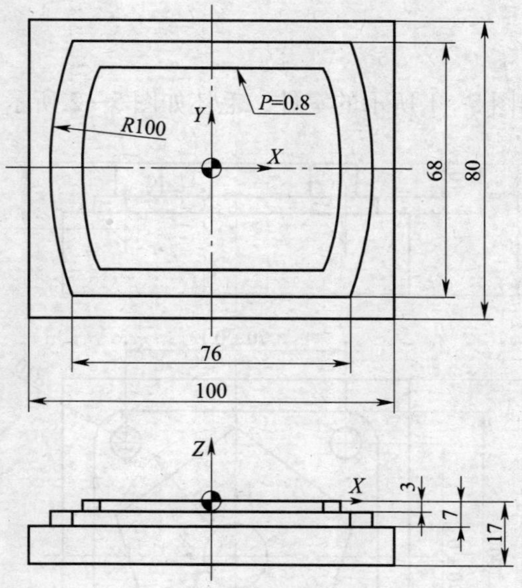

图 4—13　零件图

第五单元　综合零件的加工

模块一　综合零件 1 的加工

◎知识技能要求

1. 掌握工件安装、刀具选择、工艺制定及切削用量的选择。
2. 掌握较复杂工件的钻、扩、铰及外形铣程序的编制，掌握刀具补偿的使用。
3. 掌握加工较复杂工件的工序安排，能独立操作加工中心。

◎加工要求

在加工之前，首先仔细识读图样，图 5—1 所示为综合类零件图。根据零件的特点合理安排加工工序，对零件进行钻孔及两部分外轮廓的加工，选择合适的刀具、夹具及切削用量，然后编制加工程序。

◎加工任务

在加工中心上加工如图 5—1 所示的零件，毛坯如图 5—2 所示。

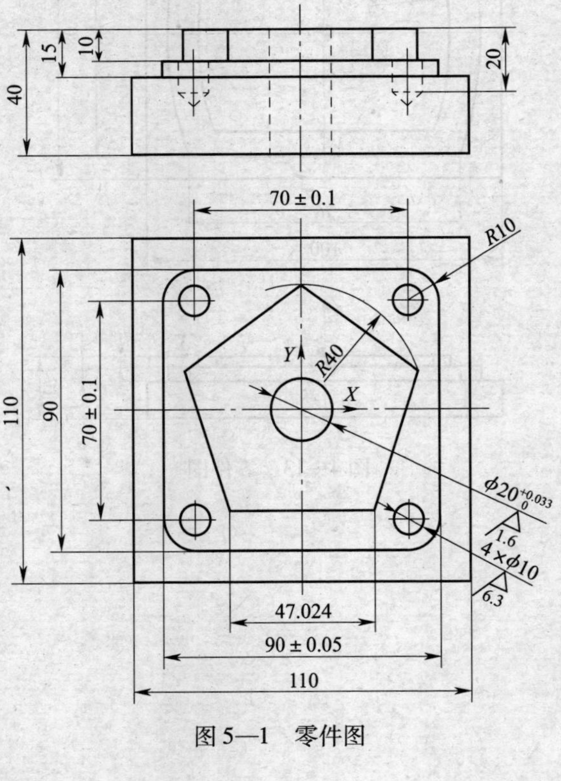

图 5—1　零件图

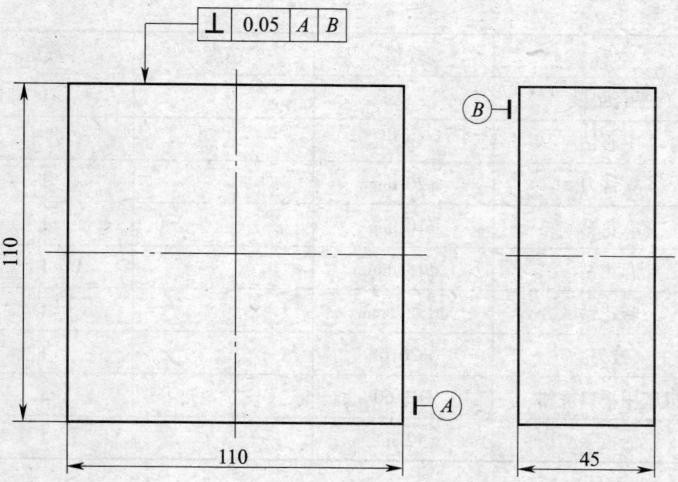

图 5—2　毛坯图

一、确定数控铣削加工工艺

1. 分析零件图

该零件表面由一个较复杂的外轮廓和一个内轮廓组成。零件材料为 45 钢。尺寸标注完整，轮廓描述清楚。无热处理和硬度要求。

2. 确定装夹方案

选用机床用平口虎钳装夹工件，底部用垫铁垫起，伸出钳口 6 ~ 8 mm，并用百分表找正。

3. 加工路线

(1) 用 ϕ20 mm 的立铣刀铣外四边形。

(2) 用 ϕ20 mm 的立铣刀铣外五边形。

(3) 用 A2 中心钻钻 4 个 ϕ10 mm 小孔及 ϕ20 mm 孔的中心定位孔。

(4) 用 ϕ10 mm 麻花钻钻 4 个 ϕ10 mm 孔。

(5) 用 ϕ18 mm 麻花钻钻 ϕ20 mm 底孔。

(6) 用 ϕ19.7 mm 麻花钻扩孔至 ϕ19.7 mm。

(7) 用 ϕ20H8 铰刀铰孔。

4. 工具、量具、刃具清单（见表 5—1）

表 5—1　　工具、量具、刃具清单

序号	名称	规格	精度	数量	单位
1	*Z* 轴定位器	50 mm	0.01 mm	1	个
2	寻边器	ϕ10 mm	0.002 mm	1	个
3	游标卡尺	0 ~ 150 mm	0.02 mm	1	把
4	游标深度尺	0 ~ 200 mm	0.02 mm	1	把
5	内径百分表	18 ~ 25	0.01	1	把
6	百分表及磁力表座	0 ~ 0.8	0.01	1	副
7	粗糙度样板	N0 ~ N1	12 级	1	副

续表

序号	名称	规格	精度	数量	单位
8	平行垫铁			1	副
9	中心钻	A2		若干	个
10	立铣刀	ϕ20 mm		1	个
11	麻花钻	ϕ10 mm		1	个
12	麻花钻	ϕ18 mm		1	个
13	麻花钻	ϕ19.7 mm		1	个
14	铰刀	ϕ20H8		1	个
15	机床用平口虎钳	QH160		1	个
16	活扳手	12 in		1	把

5. 刀具与合理的切削用量（见表5—2）

表5—2　　　刀具与合理的切削用量

序号	刀具规格	工序内容	f（mm/min）	n（r/min）	刀具长度补偿（mm）	刀具半径补偿（mm）
T01	ϕ20 mm 立铣刀	铣四边形和五边形	80	560		10
T02	A2 中心钻	钻定位孔	50	1 000	−5	
T03	ϕ10 mm 麻花钻	钻 4 × ϕ10 mm 孔	60	560	10	
T04	ϕ18 mm 麻花钻	钻 ϕ20 mm 底孔	80	400	30	
T05	ϕ19.7 mm 麻花钻	扩孔至 ϕ19.7 mm	100	350	45	
T06	ϕ20H8 铰刀	铰孔至 ϕ20H8	60	80	15	

6. 设定工件坐标系

根据图样特点，确定工件上表面中心为工件原点，并通过对刀设定原点偏置 G54。

二、编制数控加工程序

数控加工程序见表5—3。

表5—3　　　数控加工程序

程序内容	说明
O5001；	程序号是 O5001
N10 T01 M06；	调用 T01 号刀具
N20 M03 S560 G00 G90 G54 X0 Y0；	主轴正转，转速为 560 r/min
N30 G43 Z100 H01；	调用刀具长度补偿，补偿号为 H01
N40 Y－60；	快速插补至下刀点
N50 Z5；	
N60 G01 Z－15 F80；	铣四边形
N70 G01 G41 X15 D01；	调用刀具半径左补偿，补偿号为 D01

续表

程序内容	说明
N100 G03 X0 Y-45 R15;	圆弧切入
N110 G01 X-35;	
N120 G02 X-45 Y-35 R10;	
N130 G01 Y35;	
N140 G02 X-35 Y45 R10;	
N160 G01 X35;	
N170 G02 X45 Y35 R10;	
N180 G01 Y-35;	
N190 G02 X35 Y-45 R10;	
N200 G01 X0;	
N210 G03 X-15 Y-60 R15;	圆弧切出
N220 G40 G01 X0;	取消刀具半径补偿，铣四边形轮廓结束
N230 Z-10 F100;	提刀，准备铣五边形
N240 G90 G41 X27.64 D01;	调用刀具半径补偿，补偿号为 D01
N250 G03 X0 Y-32.36 R27.64 F80;	圆弧切入
N260 G01 X-23.51;	
N270 X-38.04 Y12.36;	
N280 X0 Y40;	
N290 X38.04 Y12.36;	
N300 X23.51 Y-32.36;	
N310 X0;	
N320 G03 X-27.64 Y-60 R27.64;	圆弧切出
N330 G01 G40 X0 F100;	取消刀具补偿，铣五边形结束
N340 G00 Z100 M09;	提刀至安全高度，切削液关
N350 M05;	主轴停止
N360 T02 M06;	调用 T02 号刀具 A2 中心钻
N370 G00 G90 G54 X0 Y0 M03 S1000;	准备钻中心孔
N380 G43 Z30 H02 M08;	调用刀具长度补偿，补偿号 H02，并快速定位至工件上方 30 mm 处
N390 G99 G81 X-35 Y-35 Z-10 R10 F50;	调用钻孔循环
N400 Y35;	
N410 X35;	
N420 Y-35;	
N430 X0 Y0;	
N440 G00 G80 Z100;	钻中心孔固定循环结束
N450 G00 X0 Y0 M09;	返回工件中心，切削液停
N460 M05;	

续表

程序内容	说明
N470 T03 M06;	调用T03号刀具 ϕ10 mm 麻花钻，准备钻 ϕ10 mm 小孔
N480 G00 G90 G54 X0 Y0 M03 S560;	
N490 G43 H03 Z100 M08;	
N500 G99 G81 X-35 Y-35 Z-20 R5 F60;	
N510 Y35;	
N520 X35;	
N530 Y-35;	
N540 G00 G80 Z100;	钻 ϕ10 mm 孔固定循环结束，提刀至安全高度
N550 G00 X0 Y0 M09;	返回工件原点，切削液关闭
N560 M05;	主轴停转
N570 T04 M06;	准备钻 ϕ20 mm 底孔，调用T04号刀具 ϕ18 mm 麻花钻
N580 G00 G90 G54 X0 Y0 M03 S400;	
N590 G43 H04 Z10 M08;	
N600 G99 G83 X0 Y0 Z-45 R5 Q5 F80;	
N610 G00 G80 Z100;	钻孔结束，提刀至安全高度
N620 G00 X0 Y0 M09;	
N630 M05;	
N640 T05 M06;	准备扩孔至 ϕ19.7 mm，调用T05号刀具 ϕ19.7 mm 麻花钻
N650 G00 G90 G54 X0 Y0 M03 S350;	
N660 G43 H05 Z10 M08;	
N670 G81 X0 Y0 Z-45 R5 F100;	
N680 G00 G80 Z100;	扩孔结束，提刀至安全高度
N690 G00 X0 Y0 M09;	
N700 M05;	
N710 T06 M06;	准备铰孔至 ϕ20H8，调用T06号刀具 ϕ20H8 铰刀
N720 G00 G90 G54 X0 Y0 M03 S80;	
N730 G43 H06 Z100 M08;	
N740 G81 X0 Y0 Z-42 R5 F60;	
N750 G00 G80 Z100;	
N760 G00 X0 Y0 M09;	
N770 M05;	主轴停转
N780 M30;	程序结束

◎加工知识

一、铣削用量

铣削用量包括铣削速度（v_c）、进给量（f）、铣削背吃刀量（a_p）与铣削宽度（a_e）等。合理选择铣削用量，可以提高生产效率，改善表面质量，提高加工精度。

在工厂的实际生产过程中，切削用量一般根据经验并通过查表的方式来进行选取。常用碳素钢件（150～300HB）切削用量的推荐值见表5—4。

表5—4　常用钢件材料切削用量的推荐值

刀具名称	刀具材料	切削速度（mm/min）	进给量（mm/r）	背吃刀量（mm）	铣削宽度（mm）
中心钻	高速钢	20～40	0.05～0.10	/	0.5*D*
标准麻花钻	高速钢	20～40	0.15～0.25	/	0.5*D*
	硬质合金	40～60	0.05～0.20	/	0.5*D*
扩孔钻	硬质合金	45～90	0.05～0.40	/	≤2.5
机用铰刀	硬质合金	6～12	0.3～1	0.10～0.30	/
机用丝锥	硬质合金	6～12	*P*	/	0.5*P*
粗镗刀	硬质合金	80～250	0.1～0.50	0.5～2.0	/
精镗刀	硬质合金	80～250	0.05～0.30	0.3～1	/
立铣刀或键槽刀	硬质合金	80～250	0.1～0.40	1.5～3.0	0.7*D*～1*D*
	高速钢	20～40	0.1～0.40	≤0.8*D*	0.7*D*～1*D*
盘铣刀	硬质合金	80～250	0.5～1.0	/	0.6*D*～0.8*D*
球头铣刀	硬质合金	80～250	0.2～0.6	0.5～1.0	/
	高速钢	20～40	0.10～0.40	0.5～1.0	/

注：*P* 表示螺距，*D* 表示刀具半径。

二、切削液的选择

切削液主要分为水基切削液和油基切削液两类。水基切削液的主要成分是水、化学合成乳化液，冷却能力强；油基切削液的主要成分是各种矿物油、动物油、植物油或由它们组成的复合油，并可添加各种添加剂，因此其润滑性能突出。

粗加工或半精加工时，切削热量大。因此，切削液的作用应以冷却散热为主。精加工时，为了获得良好的已加工表面质量，切削液应以润滑为主。

硬质合金刀具的耐热性能好，一般可不用切削液。如果要使用切削液，一定要采用连续冷却的方法进行。

练　习　题

一、判断题（正确的画"√"，错误的画"×"）

1．在工厂的实际生产过程中，切削用量一般根据经验并通过查表的方式来进行选取。（　　）

2．硬质合金刀具的耐热性能好，一般可不用切削液。如果要使用切削液，一定要采用连续冷却的方法进行。（　　）

二、填空题（将正确答案写在横线上）

1．铣削用量包括________、________、________与________等。

2．切削液主要分为________和________两类。

三、简答题

水基切削液和油基切削液的主用成分是什么？

模块二　综合零件 2 的加工

◎知识技能要求

1. 掌握表面粗糙度的加工工艺知识。
2. 能灵活运用钻削循环编写工件数控加工程序。
3. 能合理选择加工方式、刀具及切削用量。
4. 能独立操作加工中心，根据编写的程序加工出工件。

◎加工要求

在加工之前，首先仔细识读图样，图 5—3 所示为综合类零件图，它由一个较复杂的外轮廓和 3 个孔组成。根据图样的工艺要求，合理安排加工工序，选择合适的刀具、夹具及切削用量，然后编制加工程序。

◎加工任务

在加工中心上，加工如图 5—3 所示的零件。毛坯如图 5—4 所示。

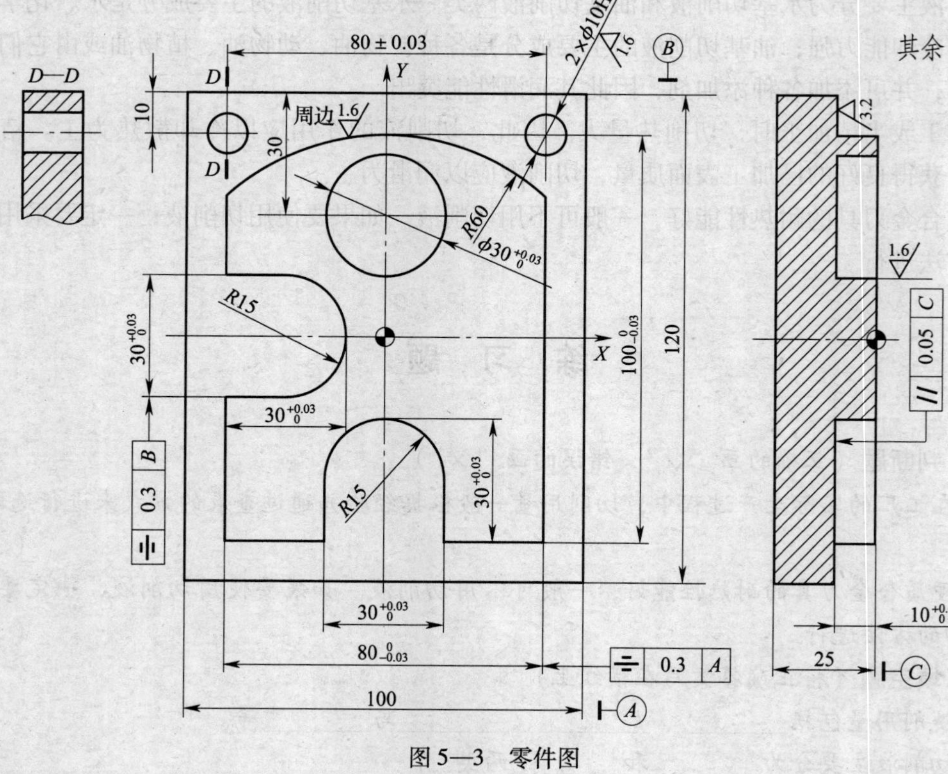

图 5—3　零件图

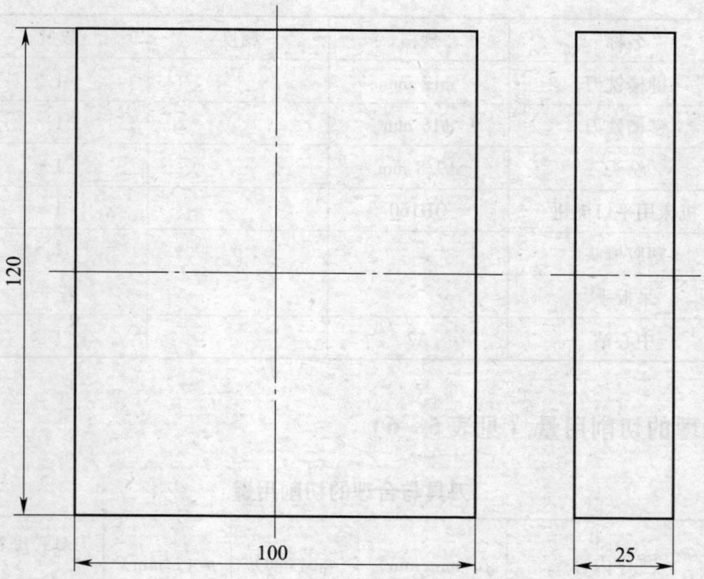

图 5—4　毛坯图

一、确定数控铣削加工工艺

1. 分析零件图

该零件为平面轮廓及孔的加工。零件材料为 45 钢。尺寸标注完整，轮廓描述清楚。无热处理和硬度要求。

2. 确定装夹方案

选用机床用平口虎钳装夹工件，底部用垫铁垫起，伸出钳口 6 ~ 8 mm，并用百分表找正。

3. 加工路线

（1）粗加工外轮廓。

（2）精加工外轮廓。

（3）粗加工内圆。

（4）精加工内圆。

（5）钻 2 个孔。

4. 工具、量具、刃具清单（见表 5—5）

表 5—5　　工具、量具、刃具清单

序号	名称	规格	精度	数量	单位
1	*Z* 轴设定器	50 mm	0.01 mm	1	个
2	游标卡尺	0 ~ 150 mm	0.02 mm	1	把
3	游标深度尺	0 ~ 200 mm	0.02 mm	1	把
4	平行垫铁			若干	个
5	立铣刀	ϕ12 mm		1	个
6	立铣刀	ϕ16 mm		1	个

续表

序号	名称	规格	精度	数量	单位
7	键槽铣刀	ϕ12 mm		1	个
8	键槽铣刀	ϕ16 mm		1	个
9	钻头	ϕ9.8 mm		1	个
10	机床用平口虎钳	QH160		1	个
11	塑胶榔头			1	个
12	呆扳手			若干	把
13	中心钻	A2		1	个

5. 刀具与合理的切削用量（见表5—6）

表5—6　　刀具与合理的切削用量

序号	刀具规格	工序内容	f（mm/min）	a_p（mm）	n（r/min）	刀具长度补偿（mm）	刀具半径补偿（mm）
T01	ϕ16 mm 立铣刀	粗铣外轮廓，留余量0.4 mm	100	5	600	−5	8.4
T02	ϕ12 mm 立铣刀	精铣外轮廓，至图样尺寸	80		1 000	−5	6
T03	ϕ16 mm 键槽铣刀	粗铣内圆	100	4.6	600	−4.5	8.4
T04	ϕ12 mm 键槽铣刀	精铣内圆，至图样尺寸	100	0.4	800	−8	6
T05	A2 中心钻		40		650	5	
T06	ϕ9.8 mm 钻头	钻2个孔	40		600		
T07	ϕ10H8 铰刀	铰2个孔	50		200		

6. 设定工件坐标系

根据图样特点，确定工件原点为坯料上表面的中心，并通过对刀设定原点偏置G54。

二、编制数控加工程序

数控加工程序见表5—7。

表5—7　　数控加工程序

程序内容	说明
O5002；	程序号
N10 T01 M06；	换T01号刀具，ϕ16 mm立铣刀
N20 G54 G90 G40 G94 G21；	建立坐标系，绝对坐标编程，建立工作环境

续表

程序内容	说明
N30 M03 S600；	主轴正转，转速为600 r/min
N40 G00 X－70 Y－80；	刀具快速移动到X－70 Y－80
N50 G43 G00 Z50 H01 M08；	刀具下刀至Z50处，切削液开
N60 G01 Z－10 F100；	刀具下刀到Z－10处，进给量为100 mm/min
N70 G41 G01 X－40 Y－80 D01；	调用刀具半径左补偿，刀具移动到X－40 Y－80处，D01＝8.4
N80 Y－15；	
N90 X－25；	
N100 G03 Y15 R15；	
N110 G01 X－40；	
N115 Y34.72；	
N120 G02 X40 R60；	
N130 G01 Y－50；	
N135 X15；	
N140 Y－35；	
N150 G03 X－15 R15；	
N160 G01 Y－50；	
N170 X－60；	
N180 G40 G01 X－80 Y－80 M09；	取消刀具半径补偿，刀具移动到X－80 Y－80，切削液关
N190 G00 Z100；	刀具快速抬刀到Z100处
N200 M05；	主轴停转
N210 M19；	主轴准停
N220 T02 M06；	换T02号刀，ϕ12 mm立铣刀
N230 M03 S1000；	主轴正转，转速为1 000 r/min
N240 G54 G90 G00 X－70 Y－80；	建立工件坐标系，绝对坐标编程，刀具快速移动到X－70 Y－80
N250 G00 Z150 M08；	刀具快速移动到Z150处，切削液开
N260 G43 G00 Z50 H02；	调用刀具长度补偿H02，快速移动到Z50处
N270 G01 Z－10 F80；	刀具下刀到Z－10处，进给量为80 mm/min
N280 G01 G41 G01 X－40 Y－80 D02；	调用刀具半径左补偿，移动到X－40 Y－80处，D02＝6，精加工外轮廓
N290 Y－15；	
N300 X－25；	
N310 G03 Y15 R15；	
N320 G01 X－40；	
N330 Y34.72；	
N340 G02 X40 R60；	
N350 G01 Y－50；	
N360 X15；	

续表

程序内容	说明
N370 Y－35；	
N380 G03 X－15 R15；	
N390 G01 Y－50；	
N400 X－60；	
N410 G40 G01 X－80 Y－80 M09；	取消刀具半径补偿，移动到 X－80 Y－80，切削液关
N420 G00 Z50；	刀具快速抬刀到 Z50 处
N430 G49 G00 Z150；	取消刀具长度补偿，快速抬刀到 Z150 处
N440 M05；	主轴停转
N450 M19；	主轴准停
N460 T03 M06；	换 T03 号刀具，ϕ16 mm 键槽铣刀
N470 M03 S600；	主轴正转，转速为 600 r/min
N480 G54 G90 G00 X0 Y30；	建立工件坐标系，绝对坐标编程，刀具快速移动到 X0 Y30
N490 G00 Z100；	刀具快速移动到 Z100
N500 G43 G00 Z50 H03 M08；	调用刀具长度补偿 H03，快速接近工件 Z50 处，切削液开
N510 G01 Z－10 F50；	刀具下刀到 Z－10
N520 G41 G01 X－5 Y30 D03 F100；	调用刀具半径左补偿，D03＝8.4，移动到 X－5 Y30 处
N530 G03 X－15 R5；	圆弧引入
N540 G03 I15；	粗加工内圆
N550 G40 G01 X0 Y30；	取消刀具半径补偿，移动到 X0 Y30 处
N560 G00 Z50；	刀具快速抬刀到 Z50
N570 G49 G00 Z150；	取消刀具长度补偿，快速抬刀到 Z150 处
N580 M05 M09；	主轴停转，切削液关
N590 M19；	主轴准停
N600 T04 M06；	换 T04 号刀具，ϕ12 mm 键槽铣刀
N610 M03 S800；	主轴正转，转速为 800 r/min
N620 G54 G90 G00 X0 Y30；	建立工件坐标系，绝对坐标编程，刀具快速移动到 X0 Y30
N630 G00 Z150；	刀具快速移动到 Z150 处
N640 G43 G00 Z50 H04 M08；	调用刀具长度补偿 H04，刀具快速移动到 Z50 处，切削液开
N650 G01 Z－10 F50；	刀具下刀至 Z－10，进给量为 50 mm/min
N660 G41 G01 X－5 Y30 D04 F100；	调用刀具半径左补偿，刀具移动到 X－5 Y30 处，D04＝6
N670 G03 X－15 R5；	圆弧切入
N680 G03 I15；	精加工内圆
N690 G40 G01 X0 Y30；	取消刀具半径补偿，移动到 X0 Y30 处
N700 G00 Z50；	快速抬刀到 Z50 处
N710 G49 G00 Z150；	取消刀具长度补偿，刀具快速移动到 Z150 处
N720 M05 M09；	主轴停转，切削液关

续表

程序内容	说明
N730 T05 M06；	换 T05 号刀具，中心钻
N740 M03 S650；	主轴正转，转速为 650 r/min
N750 G54 G90 G00 X0 Y0；	建立工件坐标系，绝对坐标编程，刀具快速移动到 X0 Y0
N760 G00 Z150；	刀具移动到 Z150
N770 G43 G00 Z50 H05 M08；	调用刀具长度补偿 H05，接近工件到 Z50，切削液开
N780 G99 G81 X－40 Y50 Z－15 R3 F40；	调用钻中心孔循环
N790 X40 Y50；	钻 X40 Y50 处中心孔
N800 G80；	取消钻孔循环
N810 G00 Z50；	刀具快速抬刀到 Z50 处
N820 G49 G00 Z150 M09；	取消刀具长度补偿，刀具快速移动到 Z150，切削液关
N830 M05；	主轴停转
N840 M19；	主轴准停
N850 T06 M06；	换 T06 号刀具，ϕ9.8 mm 钻头
N860 M03 S600；	主轴正转，转速为 600 r/min
N870 G54 G90 G00 X0 Y0；	建立工件坐标系，刀具快速移动到 X0 Y0
N880 G00 Z150；	刀具快速移动到 Z150 处
N890 G43 G00 Z50 H06 M08；	调用刀具长度补偿 H06，刀具快速移动到 Z50 处，切削液开
N900 G99 G83 X－40 Y50 Z－30 Q5 R3 F40；	调用钻孔循环指令，钻 X－40 Y50 处孔
N910 X40 Y50；	钻 X40 Y50 处孔
N920 G80；	取消钻孔循环指令
N930 Z50 M09；	刀具快速抬刀到 Z50，切削液关
N940 G49 G00 Z150；	取消刀具长度补偿，刀具快速移动到 Z150
N950 M05；	主轴停转
N960 M19；	主轴准停
N970 T07 M06；	换 T07 号刀具，ϕ10H8 铰刀
N980 M03 S200；	主轴正转，转速为 200 r/min
N990 G54 G90 G00 X0 Y0；	建立工件坐标系，刀具快速移动到 X0 Y0 处
N1010 G00 Z150；	刀具快速移动到 Z150
N1020 G43 G00 Z50 H07 M08；	调用刀具长度补偿 H07，刀具快速移动到 Z50 处，切削液开
N1030 G99 G85 X－40 Y50 Z－30 R3 F50；	调用铰孔循环指令，铰 X－40 Y50 处孔
N1040 X40 Y50；	铰 X40 Y50 处孔
N1050 G80；	取消铰孔循环指令
N1060 G00 Z50；	刀具快速抬刀到 Z50 处
N1070 G49 G00 Z150 M09；	取消刀具长度补偿，刀具快速移动到 Z150，切削液关
N1080 M05；	主轴停转
N1090 M30；	程序结束

◎加工知识

一、压板或平口钳的装夹与校正

工件在使用平口钳或压板装夹的过程中，应对工件进行找正。找正时，将百分表用磁性表座固定在主轴上，百分表触头接触工件，在前后或左右方向移动主轴，从而找正工件上下平面与台面的平行度。同样在侧平面内移动主轴，找正工件侧面与主轴进给方向的平行度。如果不平行，则可用铜棒轻敲工件或垫塞尺的方法进行调整，然后再重新进行找正。

当使用平口钳装夹时，首先要对平口钳的钳口进行找正，找正方法和工件侧面方向的找正方法类似。

二、影响表面质量的因素

在零件的实际加工过程中，影响表面质量的因素很多，常见的影响因素分析见表5—8。

表5—8　　表面质量影响因素分析

影响因素	产生原因
装夹与校正	工件装夹不牢固，加工过程中产生振动
刀具	刀具磨损后没有及时修磨
	刀具刚度差，刀具加工过程中产生振动
	主偏角、副偏角及刀尖圆弧半径选择不当
加工	进给量选择过大，残留面积高度增高
	切削速度选择不合理，产生积屑瘤
	背吃刀具（精加工余量）选择过大或过小
	Z向分层切深后没有进行精加工，留有接刀痕迹
	切削液选择不当
	加工过程中刀具停顿
加工工艺	工件材料热处理不当或热处理工艺安排不合理
	采用不适当的进给路线，精加工采用逆铣

练　习　题

一、判断题（正确的画“√”，错误的画“×”）

1. 当使用平口钳装夹时，首先要对平口钳的钳口进行找正，找正方法和工件侧方向的找正方法类似。　（　）

2. 装夹与校正影响表面质量的因素是刀具刚度差，加工过程中产生振动。　（　）

二、简答题

简述压板或平口钳的装夹与校正。

模块三　综合零件 3 的加工

◎知识技能要求

1. 能进行零件加工精度分析。
2. 能独立操作加工中心，根据图样合理安排加工工序。

◎加工要求

在加工之前，首先仔细识读图样，图 5—5 所示为综合类零件图，它由一个圆台轮廓、一个六边形轮廓和一个孔组成。根据图样的工艺要求，合理安排工艺过程，选择合适的刀具、夹具及切削用量，然后编制加工程序。

◎加工任务

在加工中心上加工如图 5—5 所示的零件，毛坯如图 5—6 所示。

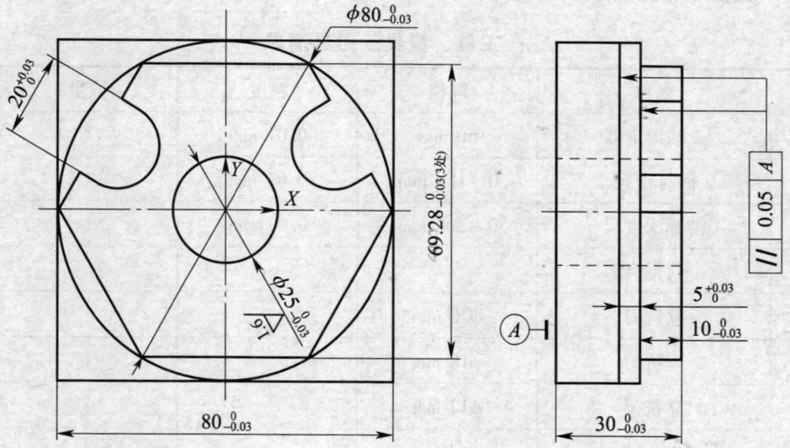

图 5—5　零件图

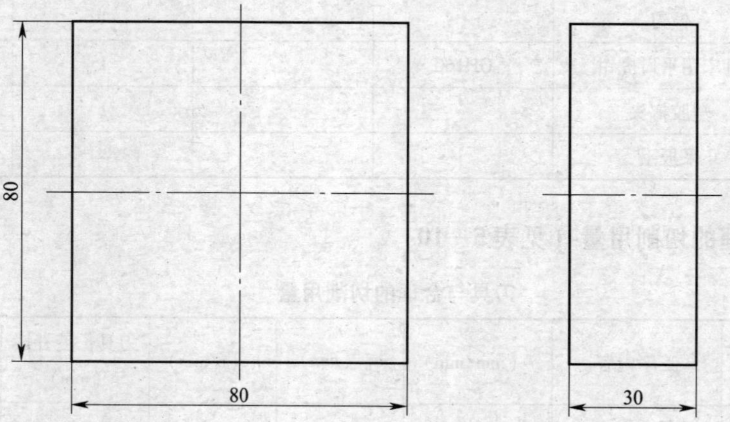

图 5—6　毛坯图

一、确定数控铣削加工工艺

1. 分析零件图

该零件表面由外轮廓与型腔组成，且有1个圆孔需要加工。零件材料为45钢。尺寸标注完整，轮廓描述清楚。无热处理和硬度要求。

2. 确定装夹方案

选用机床用平口虎钳装夹工件，底部用垫铁垫起，伸出钳口6~8 mm，并用百分表找正。

3. 加工路线

(1) 粗加工外圆和六边形轮廓。
(2) 精加工外圆和六边形轮廓。
(3) 钻中心孔。
(4) 用 $\phi22$ mm 钻头钻 $\phi25$ mm 的孔。
(5) 粗铣 $\phi25$ mm 的孔。
(6) 镗 $\phi25$ mm 的孔至图纸要求。

4. 工具、量具、刃具清单（见表5—9）

表5—9　　工具、量具、刃具清单

序号	名称	规格	精度	数量	单位
1	*Z* 轴设定器	50 mm	0.01 mm	1	个
2	游标卡尺	0~150 mm	0.02 mm	1	把
3	游标深度尺	0~200 mm	0.02 mm	1	把
4	平行垫铁			若干	个
5	立铣刀	$\phi20$ mm		1	个
6	立铣刀	$\phi18$ mm		1	个
7	立铣刀	$\phi12$ mm		1	个
8	中心钻	A2		1	个
9	麻花钻	$\phi22$ mm		1	个
10	镗刀			1	把
11	机床用平口虎钳	QH160		1	个
12	塑胶榔头			1	个
13	呆扳手			若干	把

5. 刀具与合理的切削用量（见表5—10）

表5—10　　刀具与合理的切削用量

序号	刀具规格	工序内容	f (mm/min)	a_p (mm)	n (r/min)	刀具长度补偿 (mm)	刀具半径补偿 (mm)
T01	$\phi18$ mm 立铣刀	粗铣外轮廓，留余量0.4 mm	100		600		

续表

序号	刀具规格	工序内容	f（mm/min）	a_p（mm）	n（r/min）	刀具长度补偿（mm）	刀具半径补偿（mm）
T02	ϕ12 mm 立铣刀	精铣外轮廓，至图样尺寸	80	4	800	-5	6
T03	中心钻	钻 ϕ25 mm 孔的中心孔	60		800	-8	
T04	ϕ22 mm 钻头	钻 ϕ25 mm 孔至 ϕ22 mm	30	4	450	4	
T05	ϕ20 mm 立铣刀	粗铣 ϕ25 mm 孔	30		600	3	
T06	镗刀	镗 ϕ25 mm 的孔至图样要求	50		1 000		

6. 设定工件坐标系

根据图样特点，确定工件上表面中心处为工件原点，并通过对刀设定原点偏置 G54。

二、编制数控加工程序

数控加工程序见表 5—11。

表 5—11　　数控加工程序

程序内容	说明
O5030；	程序号
N10 T01 M06；	换 T01 号刀具
N15 G54 G90 G00 X0 Y0；	绝对坐标编程，建立工件坐标系快速移动到 X0 Y0
N20 M03 S600；	主轴正转，转速为 600 r/min
N30 G00 X-60 Y-60；	快速移动到 X-60 Y-60
N40 G00 Z50 M08；	刀具快速移动到 Z50，切削液开
N50 G01 Z-10 F100；	刀具下刀到 Z-10 处，进给量为 100 mm/min
N60 G41 G01 X-40 Y0 D01；	调用刀具半径左补偿，移动到 X-40 Y0 处
N70 X-35 Y8.66；	粗加工外轮廓
N80 X-30.67 Y6.16；	
N90 G03 X-20.67 Y23.48 R10；	
N100 G01 X-25 Y25.98；	
N110 X-20 Y34.64；	
N120 X20；	
N130 X25 Y25.98；	
N140 X20.67 Y23.48；	
N150 G03 X30.67 Y6.16 R10；	
N160 G01 X35 Y8.66；	

续表

程序内容	说明
N170 X40 Y0;	
N180 X20 Y-34.64;	
N190 X-20;	
N200 X-40 Y0;	
N210 G40 G01 X-50;	取消刀具半径补偿，刀具移动到 X-50 处
N220 Z-15;	刀具继续下刀到 Z-15 处
N230 G41 G01 X-40 Y0 D01;	调用刀具半径左补偿，刀具移动到 X-40 Y0 处
N240 G02 I40;	粗加工外圆
N250 G40 G01 X-50;	取消刀具半径补偿，移动到 X-50 处
N260 G00 Z50;	刀具快速抬刀至 Z50 处
N270 G49 G00 Z150 M09;	取消长度补偿，刀具移动到 Z150 处，切削液关
N280 M05;	主轴停转
N290 M19;	主轴准停
N300 T02 M06;	换 T02 号刀具
N310 M03 S800;	主轴正转，转速为 800 r/min
N320 G90 G00 X-60 Y-60;	刀具快速移动到 X-60 Y-60
N330 G00 Z50 M08;	刀具快速移动到 Z50 处，切削液开
N340 G43 G00 Z20 H02;	调用刀具长度补偿，刀具移动到 Z20 处
N350 G01 Z-10 F80;	刀具下刀到 Z-10，进给量为 80 mm/min
N360 G41 G01 X-40 Y0 D02;	调用刀具半径左补偿，刀具移动到 X-40 Y0 处，D02=6
N370 X-35 Y8.66;	精加工外轮廓
N380 X-30.67 Y6.16;	
N390 G03 X-20.67 Y23.48 R10;	
N400 G01 X-25 Y25.98;	
N410 X-20 Y34.64;	
N415 X20;	
N420 X25 Y25.98;	
N430 X20.67 Y23.48;	
N440 G03 X30.67 Y6.16 R10;	
N450 G01 X35 Y8.66;	
N460 X40 Y0;	
N470 X20 Y-34.64;	
N480 X-20;	
N490 X-40 Y0;	
N500 G40 G01 X-50;	取消刀具半径补偿，到 X-50 处
N510 Z-15;	刀具继续下刀到 Z-15

续表

程序内容	说明
N520 G41 G01 X－40 Y0 D02；	调用刀具半径左补偿，刀具移动到 X－40 Y0
N530 G02 I40；	精加工内圆
N540 G40 G01 X－50；	取消刀具半径补偿，刀具移动到 X－50 处
N550 G00 Z50；	快速抬刀
N560 G49 G00 Z150 M09；	取消刀具长度补偿，刀具移动到 Z150 处，切削液关
N570 M05；	主轴停转
N580 M19；	主轴准停
N590 T03 M06；	换 T03 号刀具
N600 M03 S800；	主轴正转，转速为 800 r/min
N610 G54 G90 G00 X0 Y0；	建立工件坐标系，刀具快速移动到 X0 Y0
N620 G00 Z150；	刀具快速移动到 Z150
N630 G43 G00 Z50 H03；	调用刀具长度补偿，刀具移动到 Z50 处
N640 M08；	切削液开
N650 G99 G81 X0 Y0 Z－5 R3 F60；	调用钻中心孔循环指令，钻中心孔
N660 G80；	取消钻孔指令
N670 G00 Z50；	快速抬刀到 Z50 处
N680 G49 G00 Z150 M09；	取消刀具长度补偿，刀具移动到 Z150 处，切削液关
N690 M05；	主轴停转
N700 M19；	主轴准停
N710 T04 M06；	换 T04 号刀具
N720 M03 S450；	主轴正转，转速为 450 r/min
N730 G54 G90 G00 X0 Y0；	建立工件坐标系，刀具快速移动到 X0 Y0
N740 G00 Z150；	刀具快速移动到 Z150 处
N750 G43 G00 Z50 H04 M08；	调用刀具长度补偿，刀具移动到 Z50 处，切削液开
N760 G99 G83 X0 Y0 Z－35 Q5 R5 F30；	调用钻孔循环
N770 G80；	取消钻孔循环
N780 G00 Z50；	快速抬刀到 Z50 处
N790 G49 G00 Z150 M09；	取消刀具长度补偿，切削液关
N800 M05；	主轴停转
N810 M19；	主轴准停
N820 T05 M06；	换 T05 号刀具
N830 M03 S600；	主轴正转，转速为 600 r/min
N840 G54 G00 X0 Y0；	刀具快速移动到 X0 Y0
N850 G00 Z150；	刀具快速移动到 Z150
N860 G43 G00 Z5 H05 M08；	调用刀具长度补偿，刀具移动到 Z5 处
N870 G01 Z－31 F30；	下刀至 Z－31，进给量为 30 mm/min

续表

程序内容	说明
N880 G01 X-5.2；	粗加工内圆
N890 G03 I5.2；	
N900 G01 X0 Y0；	
N910 G00 Z50；	快速抬刀到 Z50 处
N920 G49 G00 Z150 M09；	取消刀具长度补偿，切削液关
N930 M05；	主轴停转
N940 M19；	主轴准停
N950 T06 M06；	换 T06 号刀具
N960 M03 S1000；	主轴正转，转速为 1 000 r/min
N970 G54 G90 G00 X0 Y0；	刀具快速移动到 X0 Y0
N980 G00 Z150；	刀具快速移动到 Z150
N990 G43 G00 Z50 H06 M08；	调用刀具长度补偿，到 Z50 处，切削液开
N1000 G76 X0 Y0 Z-35 R5 Q1000 P1000 F50；	调用镗孔循环指令精加工内圆
N1010 G80；	取消镗孔循环
N1020 G00 Z50；	快速抬刀到 Z50 处
N1030 G49 G00 Z150 M09；	取消刀具长度补偿，快速移动到 Z150，切削液关
N1040 M05；	主轴停转
N1050 M30；	程序结束

◎加工知识

一、尺寸精度的影响因素

铣削加工过程中产生尺寸精度降低的原因是多方面的，在实际加工过程中，尺寸精度的影响因素见表 5—12。

表 5—12　　尺寸精度的影响因素

影响因素	产生原因
装夹与校正	工件装夹不牢固，加工过程中产生松动、振动
	工件校正不正确
刀具	刀具尺寸不正确或产生磨损
	对刀不正确，工件的位置尺寸产生误差
	刀具刚度差，刀具在加工过程中产生振动
加工	切削深度过大，导致刀具发生弹性变形，加工面呈锥形
	刀具补偿参数设置不正确
	精加工余量选择过大或过小
	切削用量选择不当，导致切削热过大，从而产生热变形和应力
工艺系统	机床原理误差
	机床几何误差
	工件定位不正确或夹具与定位元件制造误差

二、形位精度的影响因素

工件主要的形位精度有各加工表面与基准面的垂直度、平行度以及对称度等。在外轮廓的加工过程中，造成形位精度降低的原因见表5—13。

表5—13　　形位精度降低原因分析

影响因素	产生原因
装夹与校正	工件装夹不牢固，加工过程中产生松动、振动
	夹紧力过大，产生弹性变形，切削完成后变形恢复
	工件校正不正确，造成加工面与基准面不平行或不垂直
刀具	刀具刚度差，刀具加工过程中产生振动
	对刀不正确，产生位置精度误差
加工	切削深度过大，导致刀具发生弹性变形，加工面呈锥形
	切削用量选择不当，导致切削力过大，而产生工件变形
工艺系统	夹具装夹、找正不正确（如本任务中钳口找正不正确）
	机床几何误差
	工件定位不正确或夹具与定位元件制造误差

练　习　题

一、填空题（将正确答案写在横线上）

1. 在实际铣削加工过程中，尺寸精度的影响与________、________、________、________因素有关。

2. 由于刀具因素的影响形位精度降低的原因是________和________。

二、简答题

1. 在铣削加工过程中，由于加工因素的影响尺寸精度差的原因有哪些？

2. 在铣削加工过程中，由于工艺系统因素的影响形位精度降低的原因有哪些？

第六单元　Cimatron 自动编程软件应用

Cimatron 是集建模、加工于一体的软件。其操作界面容易掌握、功能齐全、性能稳定，并能持续提出崭新的概念，赢得了模具及相关行业的青睐。Cimatron E 更是 CIMATRON 公司最新推出的版本，以最新的混合建构技术，融合了曲面实体模型，并以全方位的加工功能，进一步满足新型机械与高速加工机的需求。具体特征如下：

一、产品设计

1. 最新的混合建构技术，融合曲面与实体模型。
2. 流畅的物体导向式菜单大幅减小鼠标操作距离，提升模型建构效率。
3. 导引工具列以逻辑操作步骤协助使用者完成工作。
4. 提示区与状态区随时提供操作的必要信息。
5. 在组合装配的操作环境下可新增模型，或是针对个别零件进行编修。
6. 提供多种使用工具将几何形状最佳化，为 NC 加工做准备。
7. 线上求助与线上教学提供 HTML、MICROSOFT WORD 与 Adobe Acrobat 格式。

二、图档转换

1. 提供标准转图接口：IGES、VDA、SAT、DXF、STEP 与 STL。
2. 提供直接转图接口：CATIA、UG、AutoCAD/DWG 与 Pro/E NEU 档案。
3. 可自动侦测问题曲面，删除重复曲面，取消群组定义，稳定度与兼容性很好。
4. 可读取与写出 Cimatron IT 图档。

三、设计变更

1. 工件变更的前后差异，以不同的颜色将未变更曲面、已变更曲面与新增曲面快速比对出来。
2. 比对结果立即更新相关联的数据库。

四、细部分析

1. 运用推拔角度分析工具侦测倒勾与过切区域。
2. NC 加工问题曲面分析。
3. 确认正确的曲面法线方向。

五、尺寸标注

1. 以图标精灵帮助使用者建立与修改尺寸。
2. 可对开放与封闭物体定义视图与剖面。
3. 图面可依据几何修改立即更新。
4. 使用样本可大幅提升图面制作效率。

六、NC 加工

1. 支持 2.5 ~ 5 轴铣床。
2. 智能型加工系统可根据素材状态将刀具路径最佳化，避免刀具空跑与过切。

3. 提供NC样本，增进刀具路径制作效率。

4. NC导引提供了刀具路径制作功能的逻辑操作步骤，缩短新手的学习时间。

5. 可选择精灵导引的基本工作模式，或是全方位的进阶工作模式。

6. 提示区、状态区与NC小帮手随时提供操作的必要信息。

7. 支持高速加工，提供NURBS补间格式。

8. 提供真正的3D等间距，确保加工品质。

9. 可选择使用Cimatron与IMS后处理器。

10. 可选择切削模拟或快速模拟验证刀具路径。

模块一　图 形 绘 制

◎知识技能要求

1. 熟悉Cimatron基本实体造型的流程。
2. 掌握各实体造型命令的使用条件以及适用范围。
3. 掌握实体造型的方法。
4. 掌握添加约束的使用方法。

◎操作要求

在绘图之前，首先仔细识读图样，明确各个尺寸以及图形之间的关系。合理安排绘图工艺过程，方便以后对图形的修改。

◎实施操作

利用Cimatron绘制如图6—1所示的零件图形。

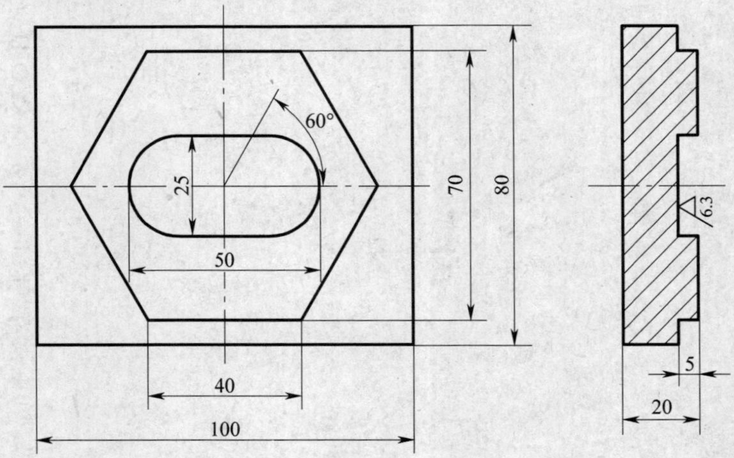

图6—1　零件图

一、确定绘图工艺

该零件主要由三部分图形组成，首先绘制长100 mm、宽80 mm、厚15 mm的矩形底座，然后绘制厚5 mm的正六方体，最后再绘制深5 mm的槽。

二、绘图

1. 双击桌面上的  图标进入软件（或者单击“开始”选择“程序”，在弹出菜单中选择“cimatron”），单击菜单栏中的“文件”，在下拉菜单中选择“新建文档”，在弹出的子菜单中选择“零件”，单击“确定”，进入绘图窗口（见图6—2）。

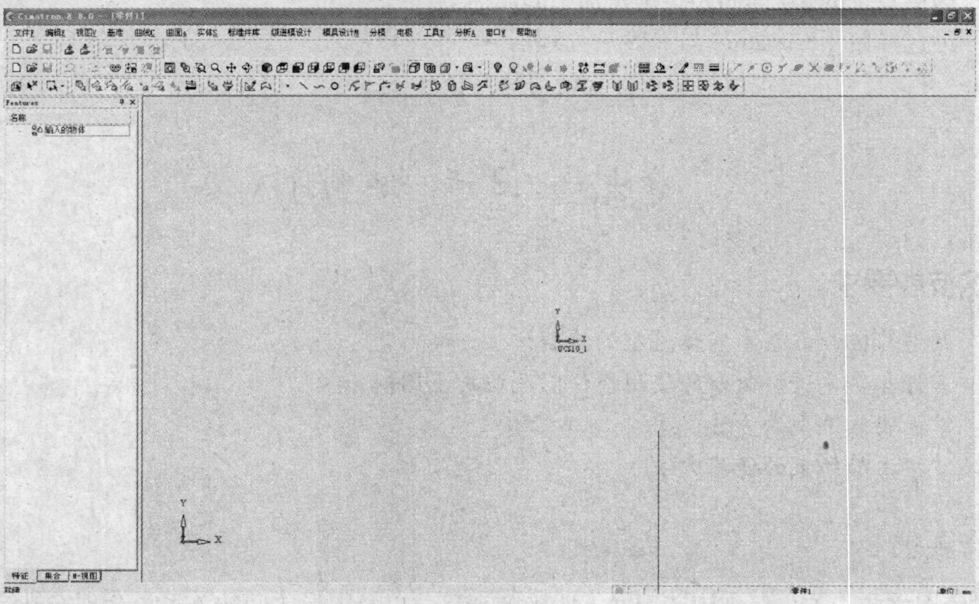

图6—2　新建零件

2. 单击菜单栏中的“曲线”，在下拉菜单中选择“草图”，创建一张草图，平面绘图工具在绘图区域右侧（见图6—3）。

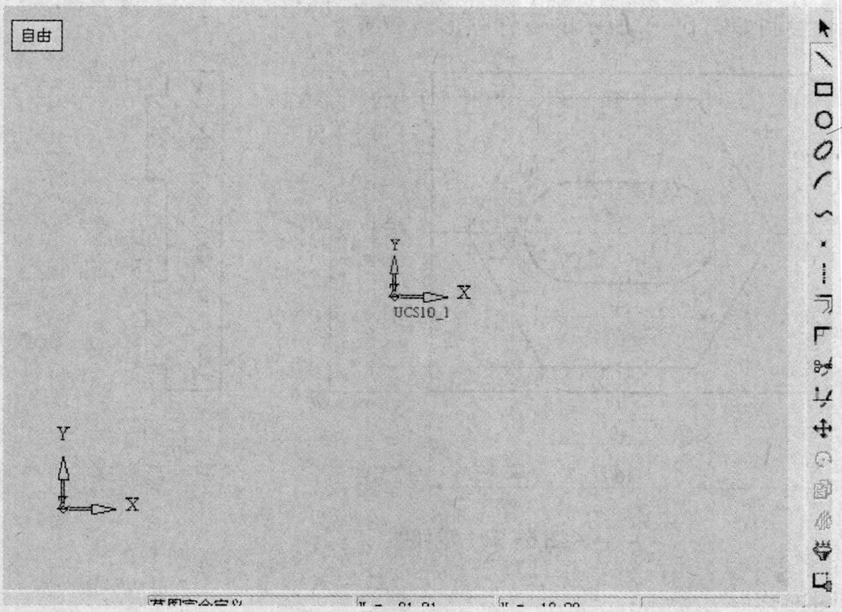

图6—3　绘图工具

3. 单击绘图工具中的“矩形工具”，以坐标原点为几何中心绘制长 100 mm、宽 80 mm 的矩形（见图 6—4），矩形的绘制方法见相关知识中草图工具常用命令的解释。

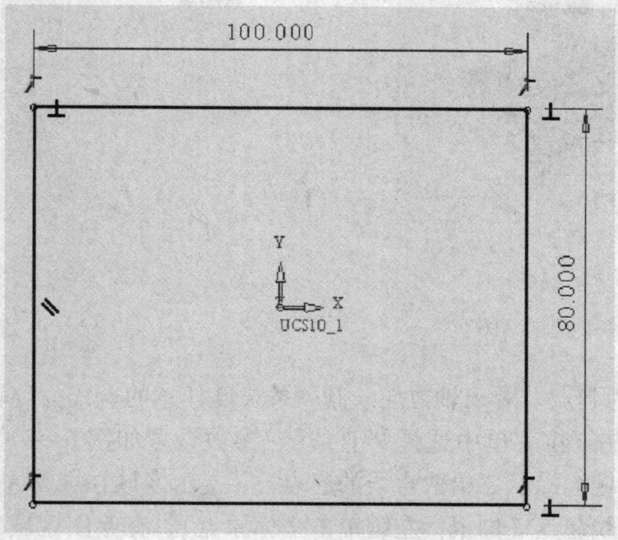

图 6—4 矩形效果图

4. 在绘图区域单击鼠标右键，在弹出的菜单中选择“退出草图”。

5. 对刚才绘制的矩形进行拉伸处理。单击菜单栏中的“实体”，在下拉菜单中选择“新建”，在子菜单中选择“拉伸”。“增量”参数为 15，参数如图 6—5 所示。在绘图区域单击鼠标右键，在弹出的对话框中选择“确定”。

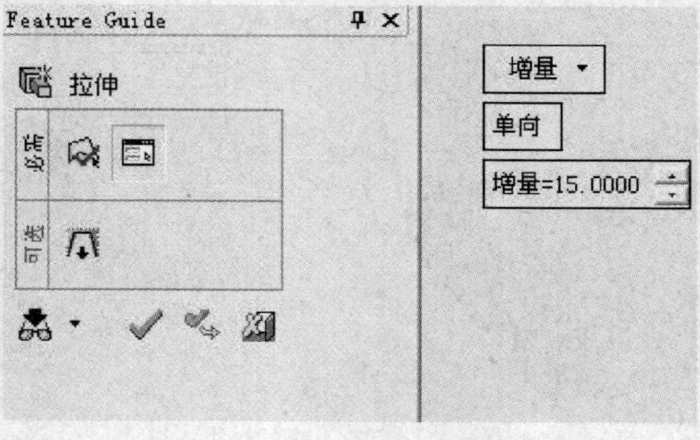

图 6—5 参数图

6. 以刚绘制的长方体上表面为绘图平面建立草图，单击菜单栏中的“曲线”，在下拉菜单中选择“草图”，软件会提示“拾取一个平面”，用鼠标左键单击矩形上表面进入草图（见图 6—6），沿 X 轴正方向在距离坐标原点 40 mm 处绘制一个点。方法是单击绘图工具中的“点”，沿 X 轴正方向绘制一个点，然后在绘图区域单击鼠标右键，在弹出的菜单中选择“尺寸”。然后选择刚才绘制的点，再选择坐标原点，再用鼠标左键单击一下绘制的点和坐标原点之间的区域，在单击的地方会出现绘制的点到坐标原点的距离。在显示距离的地方输入 40（见图 6—7），然后在绘图区域单击鼠标右键，在弹出的菜单中选择“退出草图”。

图 6—6　建立草图

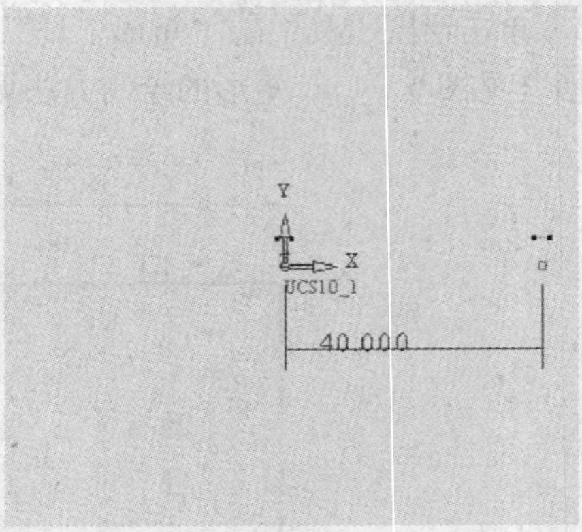

图 6—7　绘制点

7. 以坐标原点为起点，沿 Z 轴方向绘制一条长度任意的直线为旋转轴。方法是单击菜单栏中的“曲线”，在下拉菜单中选择“直线”，参数设置如图 6—8 所示，参数设置完成后，在软件的提示区域会提示“拾取直线的起点”（提示区域在屏幕左下角），用鼠标左键选择坐标原点作为直线起点（即鼠标左键单击坐标原点），在绘图区域单击鼠标右键，在弹出的对话框中选择“确定”。

8. 单击菜单栏中的“编辑”，在下拉菜单中选择“复制几何体”，在子菜单中选择“旋转阵列”，提示区域提示“拾取实体”的时候，选择刚绘制的点，单击鼠标中键（有的鼠标是中滑轮）切换到下一个必选条件“拾取轴”，选择刚才绘制的直线，其他参数如图 6—9 所示，然后在绘图区域单击鼠标右键，在弹出的对话框中单击“确定”。

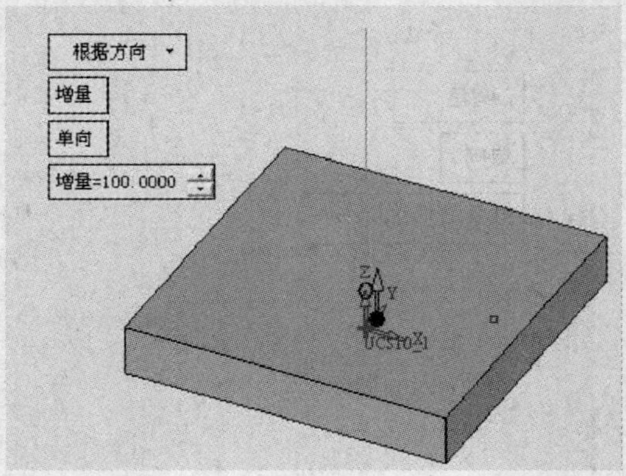

图 6—8　建立旋转轴

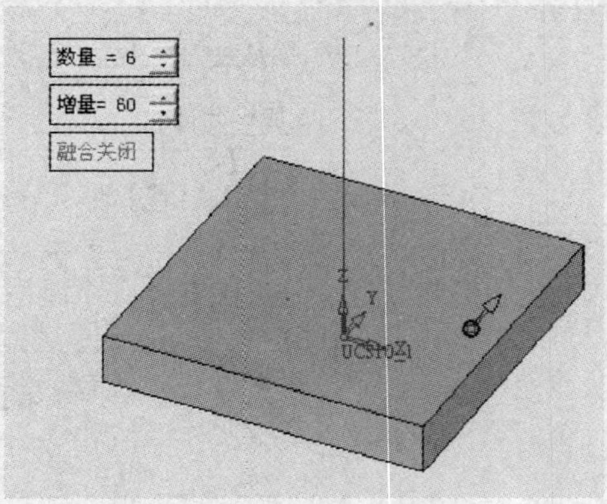

图 6—9　旋转阵列

9. 用鼠标左键单击刚才绘制的直线，选中直线后在绘图区域单击鼠标右键，在弹出的菜单中选择“删除几何”，然后单击“确定”，将刚才绘制的旋转轴删除。单击菜单栏中的“曲线”，在弹出的菜单中选择“直线”之后会弹出一个对话框。在前面绘制直线的时候将其中的一个参数设置为“根据方向”，在这里我们需要将这个参数修改为“两点”。并且将下一个参数“开放”切换为“关闭”，然后依次连接各点得到正六边形，然后在绘图区域单击鼠标右键，在弹出的对话框中单击“确定”，如图 6—10 所示。

10. 对六边形进行实体增加拉伸，拉伸高度为 5 mm，方法同步骤 5，如图 6—11 所示。

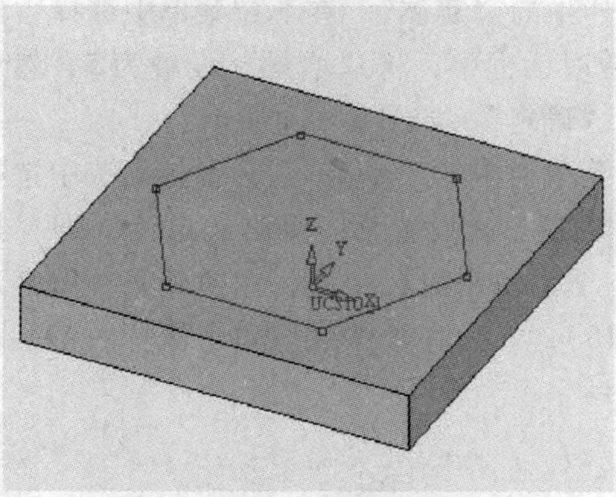

图 6—10　绘制正六边形

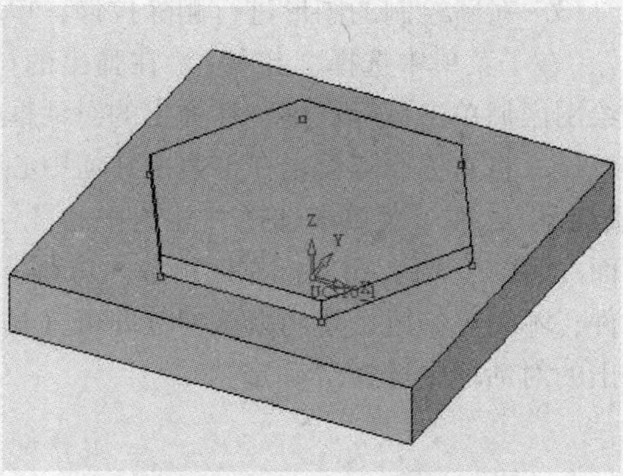

图 6—11　生成六方体

11. 以新绘制的六方体上表面为绘图平面建立草图，方法如步骤 6，绘制两条平行于 *X* 轴的直线，一条通过一二象限，另外一条通过三四象限。绘制一条直线的方法是先确定起点，再确定终点。在绘制这条直线的时候首先确定直线的大概位置，即这条直线要通过一二两个象限，也就是说如果我们把直线的起始点画在了第二象限，那么我们就应该在第一象限绘制直线的终点。另外还要保证这条直线平行于 *X* 轴，方法是在确定直线终点的时候，当直线接近于平行 *X* 轴的时候，会出现一条虚线，当虚线出现以后，单击鼠标左键即可保证所绘制的直线是与 *X* 轴平行的。尺寸标注的方法同步骤 6，标注结果如图 6—12 所示。

12. 绘制两个半径为 12. 5 mm 的圆弧，在绘图工具中选择“圆弧”命令。圆弧起点为第一条直线左端点，圆弧终点为第二条直线左端点，第三点是用来确定圆弧弯曲方向的，用鼠标控制。然后在绘图区域单击鼠标右键，在弹出的菜单中选择“尺寸”。然后用鼠标左键选中圆弧，再用鼠标左键选择显示圆弧尺寸的位置，在弹出的圆弧尺寸对话框中输入 12. 5，在绘制完左侧圆弧后，用同样的方法绘制右侧圆弧，最终效果如图 6—13 所示。然后单击鼠标右键，在弹出的菜单中选择“退出草图”。

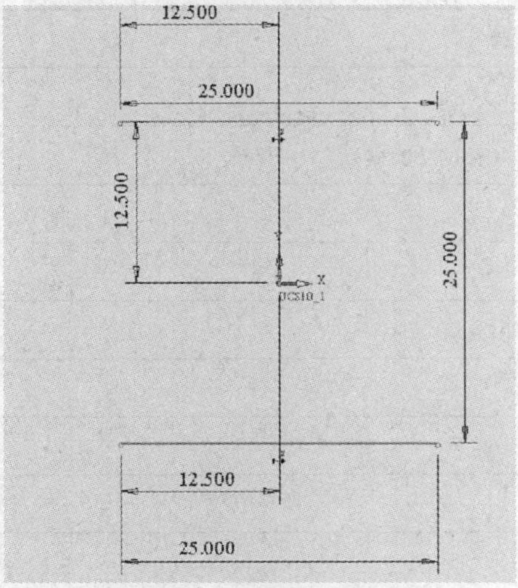

图 6—12　绘制直线

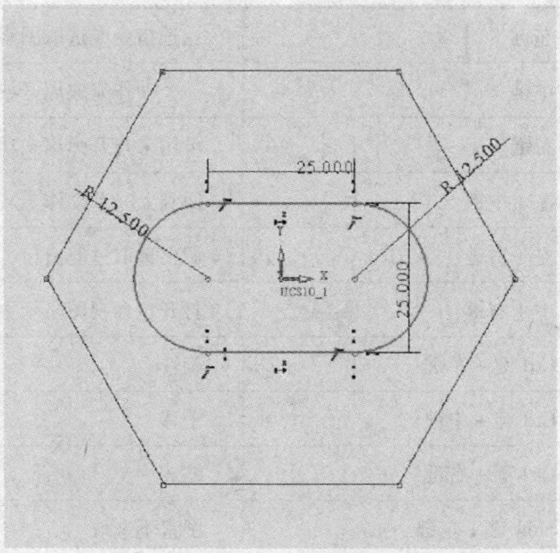

图 6—13　绘制内轮廓

13. 对新绘制的图形进行删除拉伸，单击菜单栏中的“实体”，在下拉菜单中选择“删除”，在子菜单中选择“拉伸”。在弹出的拉伸参数对话框中，将“增量”设置为5，然后在绘图区域单击鼠标右键，在弹出的对话框中选择“确定”，如图6—14 所示。

14. 将坐标原点设定在上表面几何中心，单击菜单栏中的“基准”，在下拉菜单中选择“坐标系”，在子菜单中选择“几何中心”，弹出对话框。在设置第一个必选条件（即“拾取面/曲线”）时，用鼠标左键拾取六方体上表面，然后单击鼠标中键，切换到第二个必选条件，不需要修改，使用默认参数即可（见图6—15），然后在绘图区域单击鼠标右键，在弹出的对话框中选择“确定”。

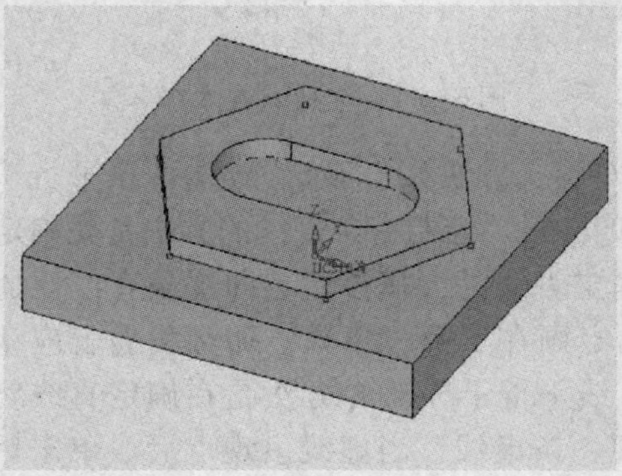

图6—14 删除拉伸

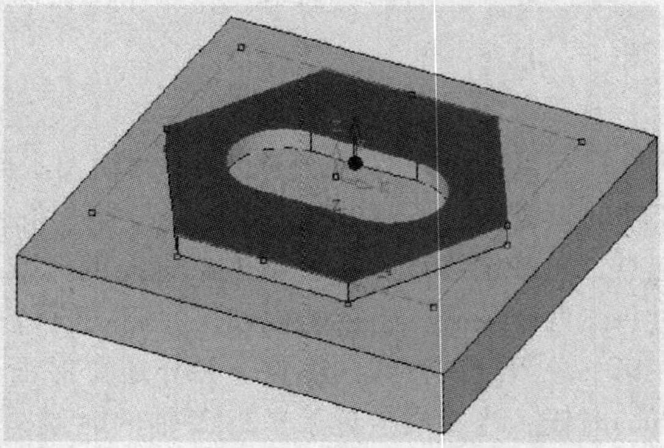

图6—15 设定坐标原点

15. 激活新建坐标系，单击菜单栏中的“基准”，在下拉菜单中选择“坐标系”，在子菜单中选择“激活坐标系”。然后用鼠标左键拾取刚刚建立的新坐标系。

◎相关知识

一、鼠标功能（见表6—1）

表6—1 鼠标功能

左键	点选指令或选取图素、按住可框选
中键	一个动作完成离开或指令确认
右键	可用来打开弹出式功能选择菜单（辅助功能键）
左+中键	回到上一个动作
左+右键	调出选取过滤窗口
中+右键	打开包含视图显示主要功能的弹出窗口
Ctrl 键+左键	旋转
Ctrl 键+中键	平移
Ctrl 键+右键	缩放
Shift 键+左键	图素不选取
Shift 键+中键	打开选取过滤器

二、草图建立

1. 建立草图

单击菜单栏中的“曲线”，在下拉菜单中选择“草图”。如果刚打开软件，在绘图区域没有任何物体，系统将默认 *XY* 平面为草图平面。如果在绘图区域有物体存在的话，在我们单击了下拉菜单中的“草图”后，软件会提示拾取面或平面，用鼠标左键选择一个已经存在的表面作为草图平面。

画一个草图之前最好事先定义主平面。单击菜单栏中的“基准”，在下拉菜单中选择“基准面”，在子菜单中选择“主平面”。然后用鼠标左键选择坐标系。单击鼠标右键，在弹出的对话框中选择“确定”。

2. 草图工具常用命令的解释

在建立好草图以后，在绘图区域右侧会出现一排绘图工具，叫做草图编辑器（见图 6—16）。

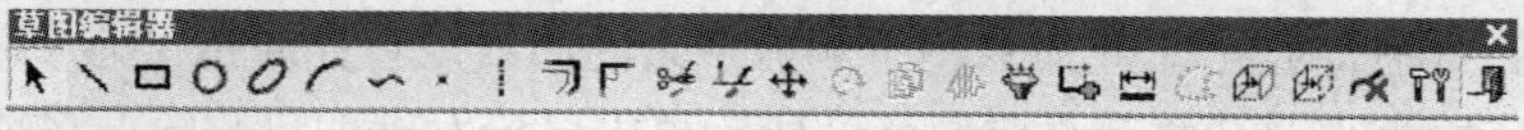

图 6—16 草图编辑器

（1）选择，图标为 。此命令用于点选或方框选取图素。

（2）直线，图标为 。此命令用于绘制一条直线。在选用此命令绘制直线的时候，会出现两个选项，“自由”或“尺寸”，在使用“自由”方式绘制直线的时候，是通过两点来绘制一条直线，即给出直线的起点和终点，所画直线的长度是任意的。在使用“尺寸”方式绘制直线的时候，会出现一个参数对话框，用来设定所画直线的长度，设定好长度后再给出直线的起点和终点，可以绘制一条固定长度的直线。

（3）矩形，图标为 。此命令用于绘制一个矩形。在选用此命令绘制矩形的时候，会出现两个选项，“自由”或“尺寸”，在使用“自由”方式绘制矩形的时候，使用鼠标画出矩形的两个对角点，长和宽是任意的。在使用“尺寸”方式绘制矩形的时候，会出现一个参数对话框，用来设定矩形的长度和宽度，用鼠标选择矩形中心所在的位置，可以绘制一个长宽固定的矩形。

（4）圆，图标为 。此命令用于绘制一个圆。在选用此命令绘制圆的时候，会出现两个选项，“自由”或“尺寸”。在使用“自由”方式绘制圆的时候，首先用鼠标确定圆心所在的位置，再拖动鼠标确定圆的尺寸大小，圆的半径是任意的。在使用“尺寸”方式绘制圆的时候，会出现一个参数对话框，用来设定圆的半径，用鼠标选择圆心所在的位置，可以绘制一个固定大小的圆。

（5）椭圆，图标为 。此命令用于绘制一个椭圆。在使用此命令绘制椭圆的时候，需要给出三个点，首先确定椭圆的中心位置，然后确定椭圆长轴的长度，最后确定椭圆短轴的长度。所画椭圆大小是任意的，具体尺寸需要通过尺寸标注来给出。

（6）圆弧，图标为 。此命令用于绘制一段圆弧。在使用此命令绘制圆弧的时候，需要给出三个点，首先确定圆弧的起点，然后确定圆弧的终点，再给出圆弧经过的一个点，用来确定圆弧的弯曲方向。具体尺寸通过尺寸标注给出。

（7）样条线，图标为 。通过定义样条线需要经过的点来绘制样条线。

（8）点，图标为 · 。单击鼠标左键绘制一个点。

（9）对称线，图标为 ┆ 。此命令用于绘制轴对称图形。在使用此命令绘图时，首先绘制一个对称轴，画法和绘制直线方法一样。然后单击鼠标中键，再选择绘图命令绘图，此时在对称轴一侧画图，另一侧会出现相同的图形。

（10）偏移，图标为 。可根据距离对一个图形作出偏移，例如在一条竖直的直线的左边作一条距离为5的直线，首先绘制一条竖直的直线，然后单击“偏移”，在弹出对话框的“偏移值”中输入5，然后用鼠标左键拾取刚才绘制的直线，单击直线左侧的区域即可。

（11）圆角过渡，图标为 。此命令用于对两条首尾相连的直线作出一个圆角过渡或尖角过渡，例如对两个首尾相连的直线作出一个圆角过渡的方法是：鼠标左键单击“圆角过渡”，在弹出的对话框中输入圆角的半径值，然后用鼠标左键分别拾取两条直线即可。

（12）裁剪，图标为 。此命令用于删除多余的曲线。首先单击“裁剪”，然后将鼠标移动到需要剪掉的曲线上，曲线会变颜色，然后单击鼠标左键即可删除此条曲线。

（13）裁剪/延伸，图标为 。裁剪命令用于通过某一点断开一条直线（很少使用），或将两条不相交的直线延伸到交于一点。延伸命令的用法是，单击“裁剪/延伸”，先用鼠标左键单击需要被延伸的直线，然后单击鼠标中键，再用鼠标左键单击要延伸到的与其相交的那条直线。单击鼠标右键，在弹出的对话框中单击“确定”。

（14）移动、旋转、复制，图标分别为 。这些命令无法精确绘制出位置关系，不建议初学者使用。

（15）镜像，图标为 。就像照镜子一样，在镜像轴的另一侧会出现相同的图形。在使用此命令时，首先单击“镜像”，然后单击需要被镜像的图形，单击鼠标中键，单击镜像轴，单击鼠标右键，在弹出的对话框中单击“确定”。

（16）约束过滤器，图标为 。可过滤显示约束的图素。例如要绘制一条水平直线的时候，单击“约束过滤器”，在弹出的对话框中选中“水平”，然后关闭对话框，再单击绘图工具栏中的“直线”，在画直线终点的时候，接近水平时会出现一条虚线，此时再确定终点，用来保证直线水平。

（17）增加约束，图标为 。此命令用于约束图形的位置关系，例如要绘制水平直线，除了用上一个命令中的方法外，还可以先绘制一条斜线，单击“增加约束”，然后用鼠标左键选中此直线，在弹出的菜单中单击“水平”，即可将斜线修改成水平直线。

（18）尺寸，图标为 。用于标注尺寸。

（19）变为参考线，图标为 。将不必要的图素变更为参考线，对于多余的线，可以选择删除，也可将其变为参考线，其效果是一样的。先选中需要变为参考线的图形，然后单击“变为参考线”。

（20）增加几何，图标为 。使用已存在的图素到当前草图中。也就是说，将在其他草图中绘制的图形复制到当前草图中。使用方法是单击此命令，然后选择要复制的图形，再单击“确定”即可。

（21）增加参考，图标为 。将其他草图中已经存在的几何图形，暂时移动到当前草图中作为一个参考，当退出草图后参考会消失。用法与上一个命令相同。

(22) 删除，图标为 。用于删除一个图形，首先选择要删除的图形，再单击此命令。

(23) 草图工具，图标为 。单击此命令会出现“预览”“更新”等操作命令，不常用，不做详细介绍。

(24) 退出草图，图标为 。在绘制结束后，单击此命令退出草图。

练　习　题

一、选择题（将正确答案写在横线上）

1. 鼠标键组合使用，左、中键同时按下的功能是________。

A. 可回到上一个动作　B. 一个动作完成离开　C. 打开功能表　D. 图素选取

2. Ctrl＋鼠标左键的功能是________。

A. 平移　B. 旋转　C. 缩放　D. 图素不选取

3. Ctrl＋鼠标中键的功能是________。

A. 全屏显示　B. 局部放大　C. 平移　D. 缩放

4. 画一个草图之前最好事先定义________。

A. 斜面　B. 主平面　C. 说明　D. 样条线

5. 以下功能不属于草图功能的是________。

A. 增加约束　B. 几何约束　C. 拉伸　D. 尺寸约束

6. 融合属于________命令。

A. 曲线　B. 曲面　C. 轮廓　D. 实体

7. 实体导动的选用条件是________。

A. 选择参考对象　B. 选取一截面　C. 点选样条线　D. 中心线

8. 布尔运算属于________命令。

A. 曲线　B. 曲面　C. 空间　D. 实体

二、简答题

1. 实体命令主要包括哪些？
2. 曲面命令主要包括哪些？
3. 曲线命令主要包括哪些？

模块二　刀具路径基本操作

◎知识技能要求

1. 掌握2.5轴加工的主要方法。
2. 掌握各个参数的设置。
3. 掌握加工轮廓的选取。

◎操作要求

在加工之前，首先仔细识读图样和图样的工艺要求，合理安排工艺过程，选择合适的刀具，然后生成刀具轨迹。

◎实施操作

在加工中心上加工如图 6—17 所示的台阶零件，毛坯如图 6—18 所示，材料为 45 钢。

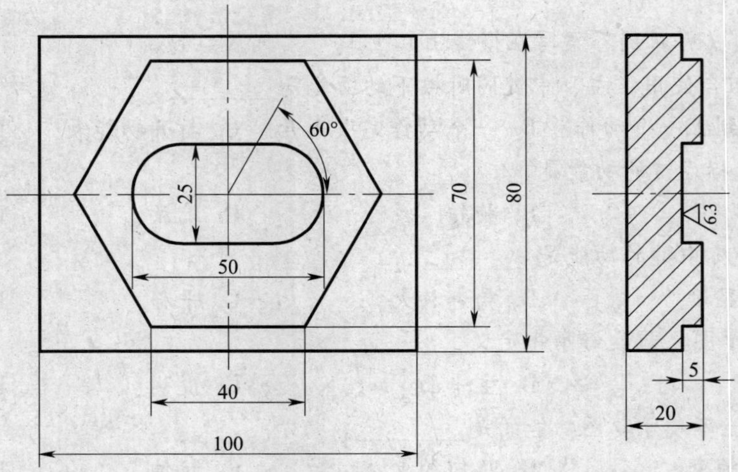

图 6—17　零件图

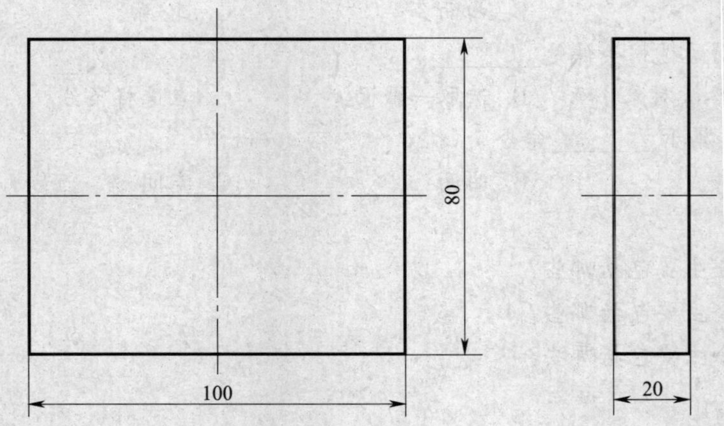

图 6—18　毛坯图

1. 分析零件图

该零件主要由三部分实体组成，长方体、六方体以及槽。

2. 加工路线

（1）利用层进法粗铣六方体，留 0. 3 mm 的余量。

（2）利用层进法粗铣槽，留 0. 3 mm 的余量。

（3）精铣六方体至图样尺寸。

（4）精铣槽至图样尺寸。

3. 刀具与合理的切削用量（见表6—2）

表6—2　　刀具与合理的切削用量

序号	刀具规格	工序内容	f（mm/min）	n（r/min）
T01	ϕ16 mm 高速钢立铣刀	粗铣	80	700
T02	ϕ10 mm 高速钢立铣刀	精铣	60	800

4. 生成刀具轨迹

（1）绘制零件图。

（2）进入NC加工（单击菜单栏中的“文件”，在下拉菜单中单击“输出”，在子菜单中选择“到加工”），会弹出如图6—19所示的对话框，将“使用模型坐标系”切换到“使用激活坐标系”，然后单击“确定”。再调出NC向导（单击菜单栏中的“视图”，在下拉菜单中选择“面板”，在子菜单中选择“向导”），在子菜单中选择“NC向导”，如图6—20所示。

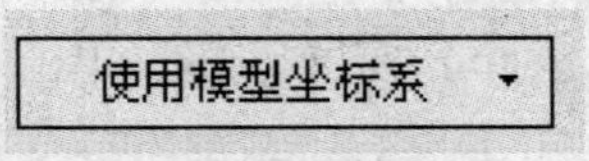

图6—19

（3）定义刀具。单击NC向导中的  ，在弹出的对话框中单击  ，在弹出的对话框中选择所有刀具后，单击“确定”，如图6—21所示。

图6—20　NC向导

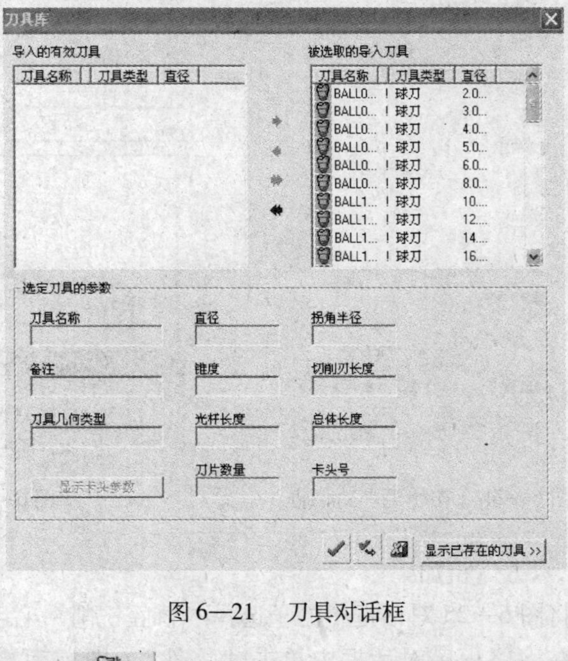

图6—21　刀具对话框

（4）定义刀路轨迹。单击NC向导中的  ，类型选择2.5轴，安全平面要高于工件的最高表面，安全平面作为退刀和快速移动的平面，如图6—22所示。

（5）定义零件。单击NC向导中的  ，在弹出的对话框中单击“确定”，如图6—23所示。

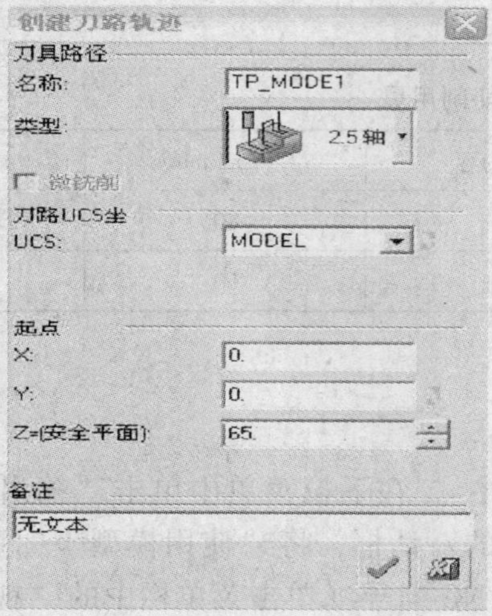

图 6—22　定义刀路轨迹

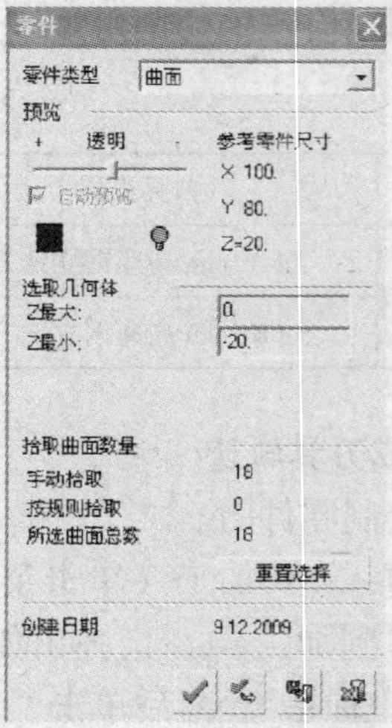

图 6—23　零件对话框

（6）定义毛坯。单击 NC 向导中的毛坯，然后单击“确定”，如图 6—24 所示。

（7）刀路程序。单击 NC 向导中的刀路程序，弹出如图 6—25 所示的对话框。

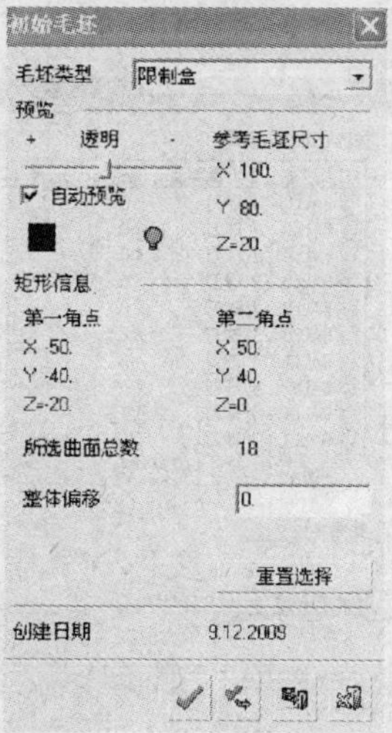

图 6—24　初始毛坯对话框

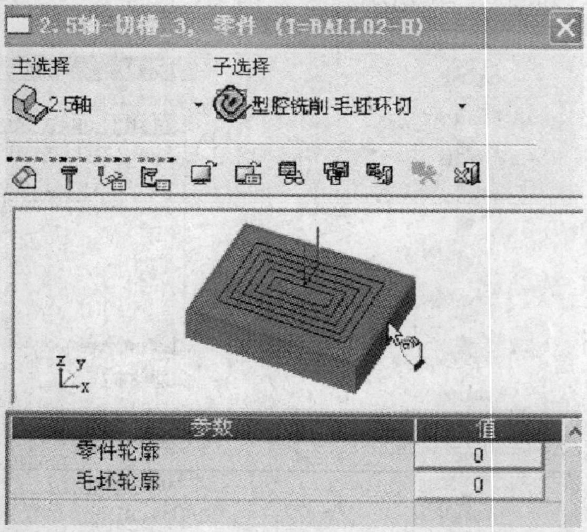

图 6—25　刀路程序对话框

1）六方体粗加工

①将图 6—25 对话框中的子选择“行腔铣削 - 毛坯环切”切换为“行腔铣削 - 环切”。

②在刀路程序对话框中单击“零件”，图标为，会弹出定义轮廓的对话框，如图 6—25 所示的下面部分。在这个对话框中需要定义“零件轮廓”和“毛坯轮廓”。毛坯轮廓不需要定义，只定义零件轮廓即可。单击“零件轮廓”后面的数值“0”，会弹出如图 6—26 所示的对话框。在对话框中将“刀具位置”后面的“在轮廓内部”切换为“在轮廓上面”。“轮廓参数”值为“1”的时候，用鼠标左键选择图 6—27 中的“轮廓

1”，然后单击鼠标中键，图 6—26 中的“轮廓参数”后面的值会变为“2”。在此时将图 6—26 中“刀具位置”后面的参数切换为“在轮廓内部”，然后用鼠标左键选择图 6—27 中的“轮廓 2”，接下来单击鼠标中键，然后单击鼠标右键，在弹出的菜单中选择“结束选择”。

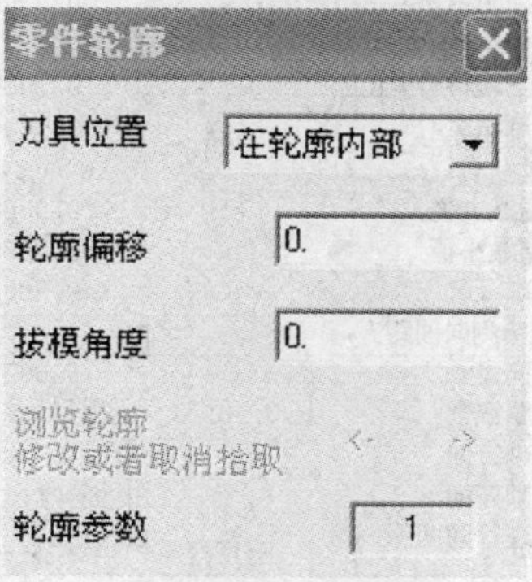

图 6—26　零件轮廓对话框

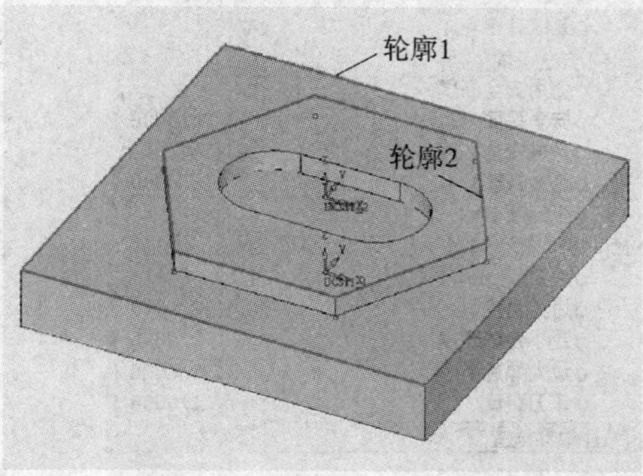

图 6—27　轮廓的选取

③刀具的选择：单击刀路程序对话框（见图 6—25）中的刀具和卡头，图标为 ，弹出图 6—28 所示的对话框。选择直径为 16 mm 的平刀，然后单击“确定”。

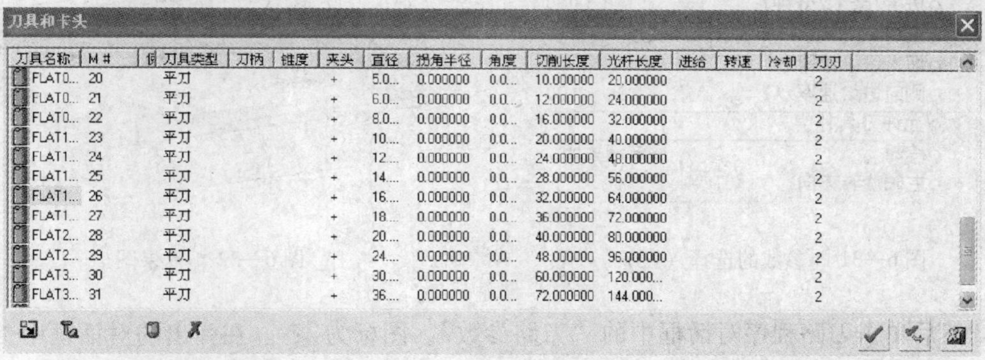

刀具名称	M #		刀具类型	刀柄	锥度	夹头	直径	拐角半径	角度	切削长度	光杆长度	进给	转速	冷却	刀刃
FLAT0...	20		平刀			+	5.0...	0.000000	0.0...	10.000000	20.000000				2
FLAT0...	21		平刀			+	6.0...	0.000000	0.0...	12.000000	24.000000				2
FLAT0...	22		平刀			+	8.0...	0.000000	0.0...	16.000000	32.000000				2
FLAT1...	23		平刀			+	10....	0.000000	0.0...	20.000000	40.000000				2
FLAT1...	24		平刀			+	12....	0.000000	0.0...	24.000000	48.000000				2
FLAT1...	25		平刀			+	14....	0.000000	0.0...	28.000000	56.000000				2
FLAT1...	26		平刀			+	16....	0.000000	0.0...	32.000000	64.000000				2
FLAT1...	27		平刀			+	18....	0.000000	0.0...	36.000000	72.000000				2
FLAT2...	28		平刀			+	20....	0.000000	0.0...	40.000000	80.000000				2
FLAT2...	29		平刀			+	24....	0.000000	0.0...	48.000000	96.000000				2
FLAT3...	30		平刀			+	30....	0.000000	0.0...	60.000000	120.000...				2
FLAT3...	31		平刀			+	36....	0.000000	0.0...	72.000000	144.000...				2

图 6—28　刀具和卡头对话框

④然后单击刀路程序对话框中的“刀路参数”，图标为 。在弹出的对话框中参数的选择如图 6—29 至图 6—31 所示，其他参数默认。

⑤单击“保存并计算”图标 ，效果如图 6—32 所示。

2）槽的粗加工，命令的使用方法与上面六方体粗加工一样。单击 NC 向导中的 刀路程序，弹出图 6—25 所示的对话框。

①主选择：2. 5 轴。子选择：行腔铣削 - 环切。

②轮廓的选取：在刀路程序对话框中单击“零件”，图标为 ，会弹出定义轮廓的对话框，如图 6—25 中的下面部分。毛坯轮廓不选，单击“零件轮廓”后面的数值“2”（因为在前面我们已经定义了两个轮廓，系统会默认把前面的两个轮廓保留下来），会弹出定义轮廓的对话框（见图 6—26），此时在绘图区域单击鼠标右键，在弹出的菜单中选择“重置

选择”。“零件轮廓”后面的数值“2”会变为“1”，此时再用鼠标左键选择零件轮廓如图6—33所示，在零件轮廓对话框中将“刀具位置”后面的参数切换为“在轮廓内部”。

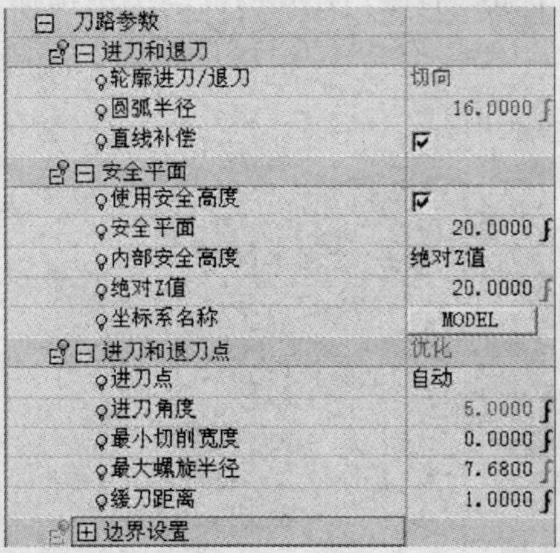

图6—29　参数的选择（一）

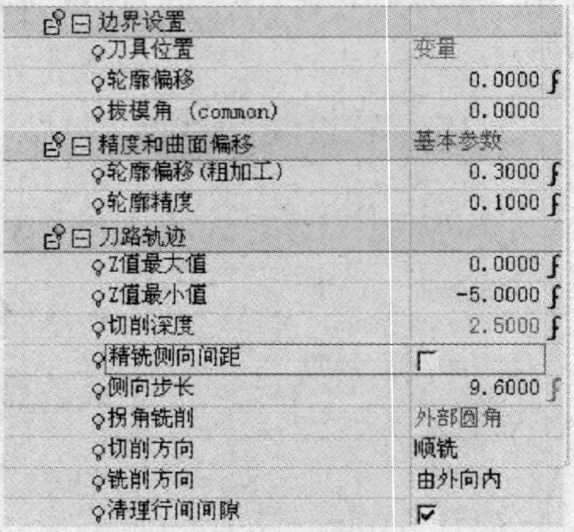

图6—30　参数的选择（二）

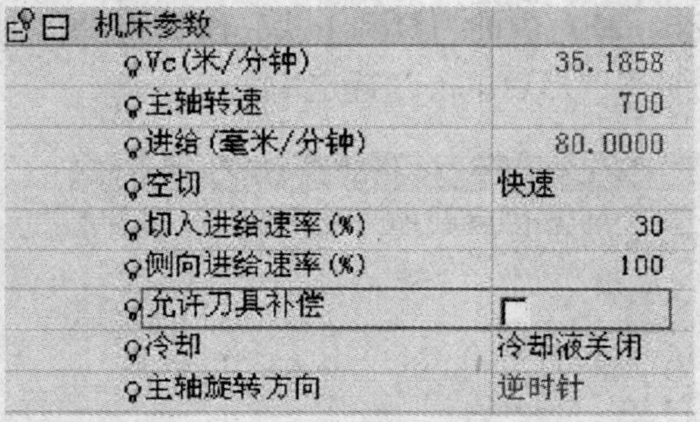

图6—31　参数的选择（三）

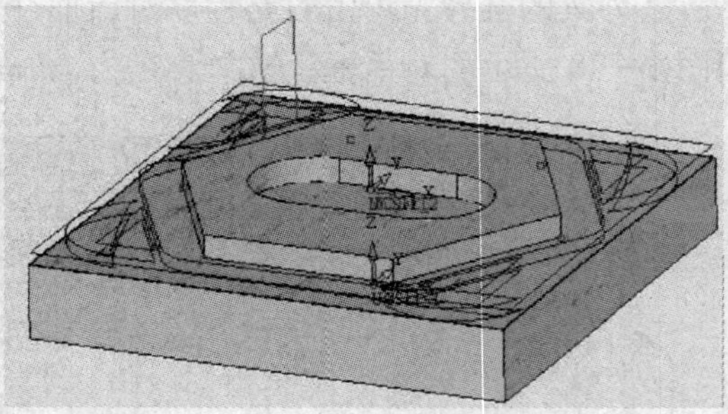

图6—32　效果图

③然后单击刀路程序对话框中的“刀路参数”，图标为 。在弹出的对话框中参数的选择如图6—29至图6—31所示，其他参数默认。

④单击“保存并计算”，图标为 ，效果如图6—34所示。

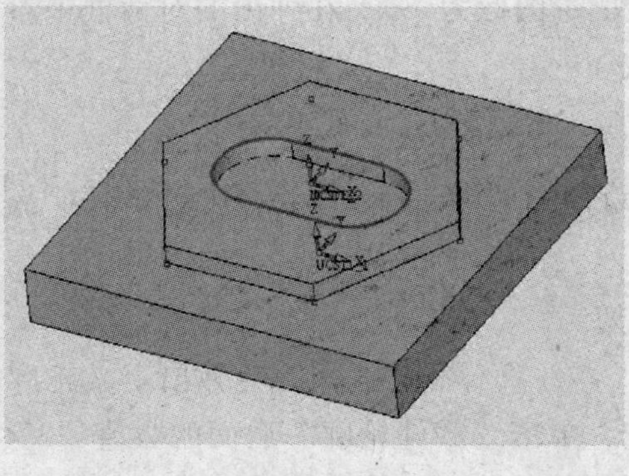

图6—33　轮廓选择

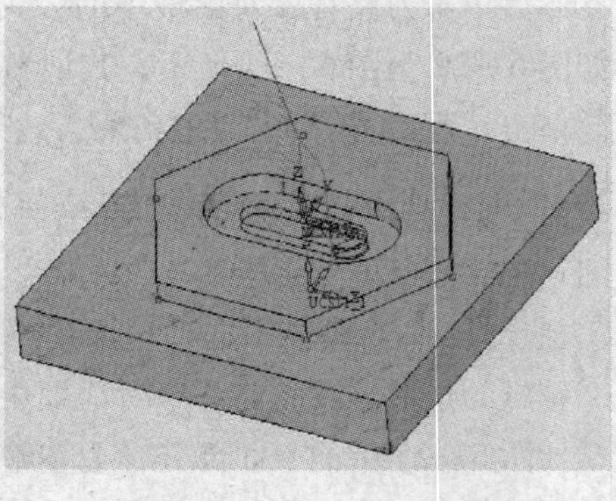

图6—34　效果图

3）六方体精加工，命令的使用方法与上面六方体粗加工一样，单击 NC 加工向导中的刀路程序，弹出图 6—25 所示的对话框。

①主选择：2. 5 轴。子选择：封闭轮廓铣。

②轮廓的选取：在刀路程序对话框中单击“零件”，图标为 。零件轮廓选择及参数如图 6—35 所示。

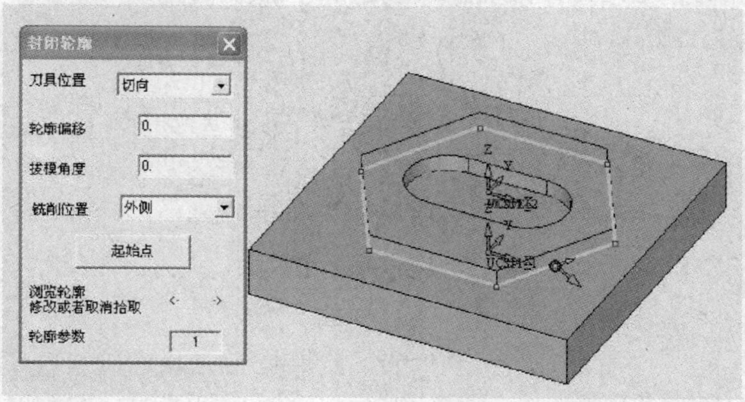

图 6—35　轮廓选择

③刀具的选择：单击刀路程序对话框中的刀具和卡头，图标为 ，在弹出的对话框中，选择直径为 10 mm 的平刀，然后单击“确定”。

④单击刀路程序对话框中的“刀路参数”，图标为 。在弹出的对话框中参数的选择如图 6—36 至图 6—38 所示，其他参数默认。

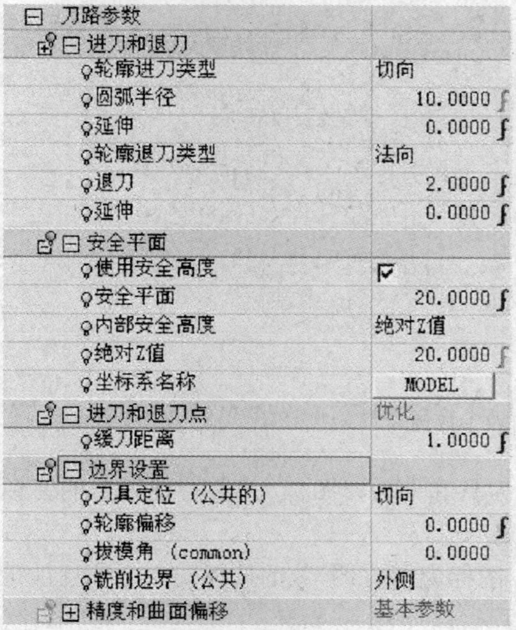

刀路参数	
进刀和退刀	
轮廓进刀类型	切向
圆弧半径	10.0000
延伸	0.0000
轮廓退刀类型	法向
退刀	2.0000
延伸	0.0000
安全平面	
使用安全高度	☑
安全平面	20.0000
内部安全高度	绝对Z值
绝对Z值	20.0000
坐标系名称	MODEL
进刀和退刀点	优化
缓刀距离	1.0000
边界设置	
刀具定位（公共的）	切向
轮廓偏移	0.0000
拔模角（common）	0.0000
铣削边界（公共）	外侧
精度和曲面偏移	基本参数

图 6—36　参数选择（一）

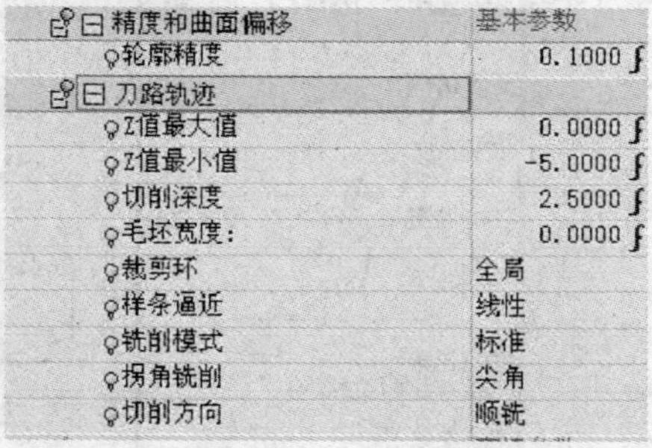

精度和曲面偏移	基本参数
轮廓精度	0.1000
刀路轨迹	
Z值最大值	0.0000
Z值最小值	-5.0000
切削深度	2.5000
毛坯宽度：	0.0000
裁剪环	全局
样条逼近	线性
铣削模式	标准
拐角铣削	尖角
切削方向	顺铣

图 6—37　参数选择（二）

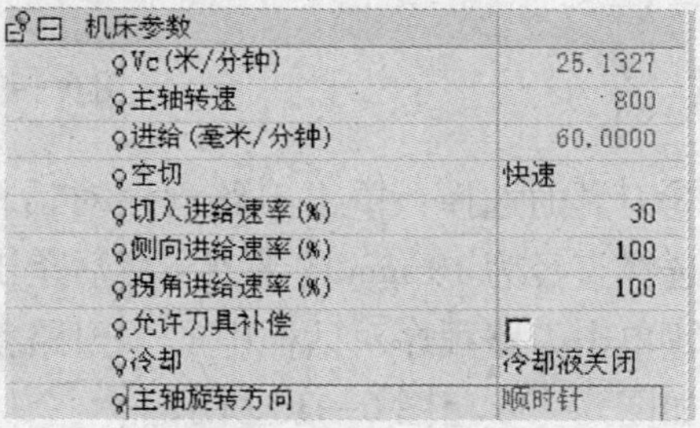

机床参数	
Vc（米/分钟）	25.1327
主轴转速	800
进给（毫米/分钟）	60.0000
空切	快速
切入进给速率（%）	30
侧向进给速率（%）	100
拐角进给速率（%）	100
允许刀具补偿	☐
冷却	冷却液关闭
主轴旋转方向	顺时针

图 6—38　参数选择（三）

⑤单击“保存并计算”，图标为 ，效果如图 6—39 所示。

4）槽的精加工，命令的使用方法与上面六方体精加工一样，单击 NC 向导中的刀路程序，弹出图 6—25 所示的对话框。

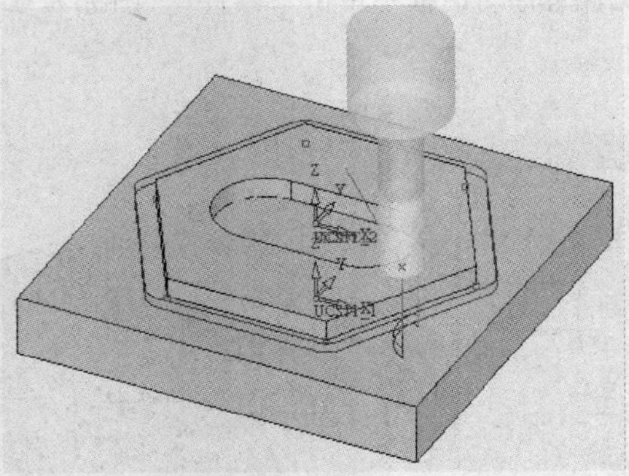

图 6—39　效果图

①主选择：2. 5 轴。子选择：封闭轮廓铣。

②轮廓的选取：在刀路程序对话框中单击“零件”，图标为 。零件轮廓选择及参数如图 6—40 所示。

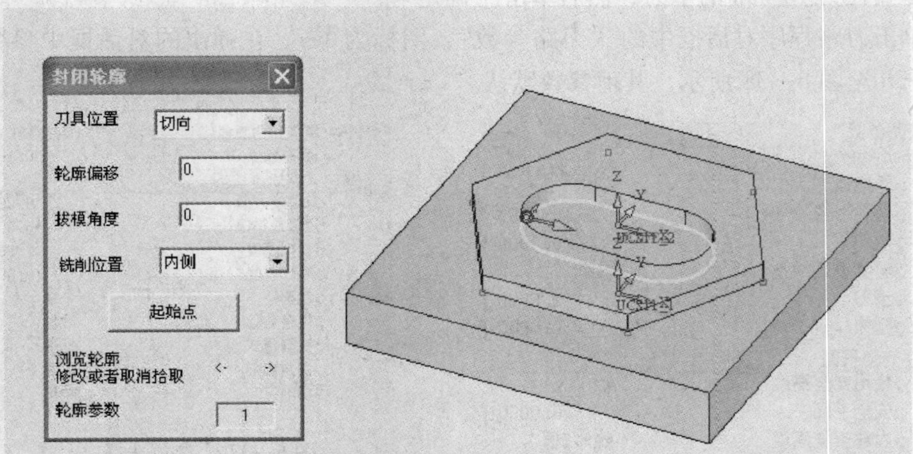

图 6—40　轮廓及参数选择

③刀具的选择：单击刀路程序对话框中的刀具和卡头，图标为 ，在弹出的对话框中，选择直径为 10 mm 的平刀，然后单击“确定”。

④单击刀路程序对话框中的“刀路参数”，图标为 。参数的选择同六方体精加工一样，如图 6—36 至图 6—38 所示。

⑤单击“保存并计算”，图标为 ，效果如图 6—41 所示。

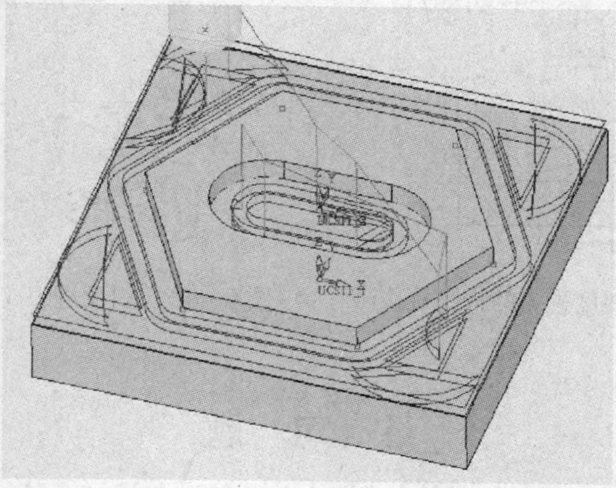

图 6—41　轨迹

◎相关知识

一、选取轮廓

轮廓：选轮廓控制加工范围，在选择轮廓时可以直接用鼠标拾取轮廓，也可以用鼠标选择一个面，系统会默认把面的边界当作轮廓。

刀具位置：可设定刀具在轮廓上、轮廓内或轮廓外，通常凹模设定为轮廓内，凸模设定为轮廓上。

轮廓偏移：输入轮廓偏移值对壁厚做预留，输入的偏移值也就是给精加工时所留余量的大小。

轮廓参数：显示目前所选取的轮廓数量。

二、规则

重置规则：重新设定几何参数的条件。

三、进刀点和退刀点

进刀点、自动：由系统依各层自行决定进刀点，其 X 和 Y 坐标方向进刀点通常不会固定，建议使用。

进刀点、用户定义：使用者决定进刀点；无法作斜度进刀，不建议使用。因为平刀的中心部分不具有铣削能力，只有平刀外圆部分参与铣削，所以当刀具只是沿着 Z 方向与工件接触时，刀具的中心部分容易受到损伤。因此在铣刀沿 Z 方向下落与工件发生接触时，即将刀具扎入工件内部时，刀具的移动轨迹应该是一条斜线，而不应该是一条沿 Z 方向的直线，我们将这种进刀方式称为斜度进刀。斜度进刀的轨迹如图 6—42 所示。

最小切削宽度：设定最小进刀距离，即图 6—42 中折线的宽度。

最大螺旋半径：斜度进刀时，除了采用图 6—42 中的折线轨迹外，也可以采用螺旋的轨迹（见图 6—43），可设定螺旋线的半径。

进刀方式为“最佳进刀点”和“指定进刀”时，无法作螺旋进刀。

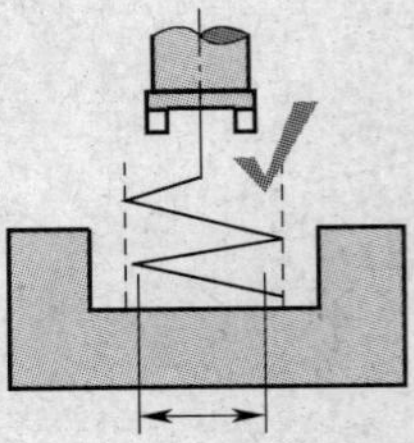

图 6—42　斜度进刀的折线轨迹

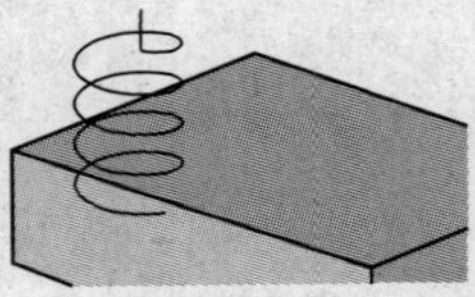

图 6—43　斜度进刀的螺旋线轨迹

练　习　题

判断题（正确的画“√”，错误的画“×”）

1. 若要选取刀具库中部分刀具，先点选刀具再点单绿色箭头。　（　）
2. 选取部分刀具是为了加工需要，刀具库看起来会比较简洁。　（　）
3. 毛坯必须建立于程序之前，才能作“路径最佳化”。　（　）
4. 2.5 轴体积铣是以封闭轮廓移除区域内的材料，定义方式由外轮廓与岛屿所组成。　（　）
5. 选取零件轮廓及毛坯轮廓作 2D 体积铣，并显示其数量；通常只选零件轮廓。　（　）
6. 2D 体积铣通常使用“平铣刀”或“牛鼻铣刀”进行加工。　（　）
7. 曲面加工、环切加工刀具以平刀为主。　（　）

模块三　后 置 处 理

◎知识技能要求

1. 能进行后处理文件的安装。
2. 能进行后处理中一些简单参数的设置。
3. 能对生成的刀具轨迹进行后处理设置。

◎操作要求

对模块二中的刀具轨迹进行后置处理。

◎实施操作

1. 选择一个机床系统的后处理文件，将其安装在 Cimatron 后处理文件夹中，其位置一般在 C：\ Cimatron \ CimatronE \ Program \ IT \ var \ post 的文件夹中。

2. 单击 NC 向导中的后处理，弹出如图 6—44 所示的对话框。

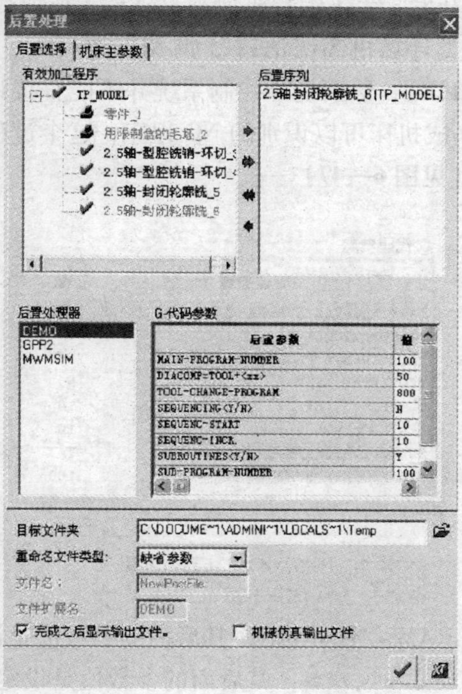

图 6—44　后置处理对话框

3. 将所有的有效加工程序导入后置序列中，如图 6—45 所示。

4. 在后置处理器中选择一个系统，设置好参数后生成 G 代码文件，如图 6—46 所示。

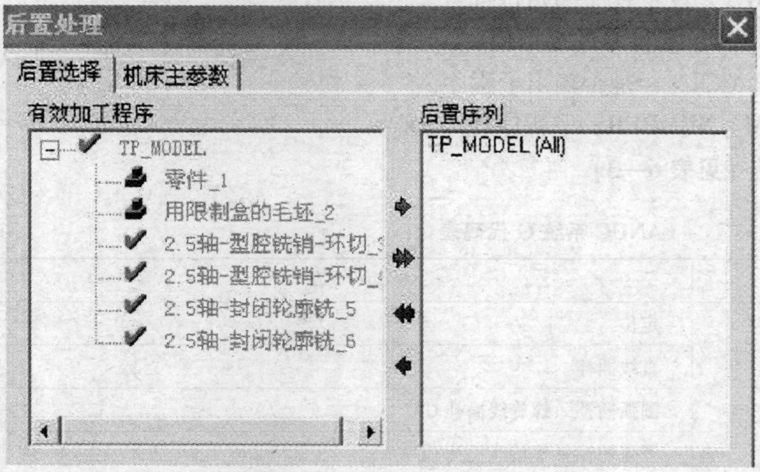

图 6—45　后置序列

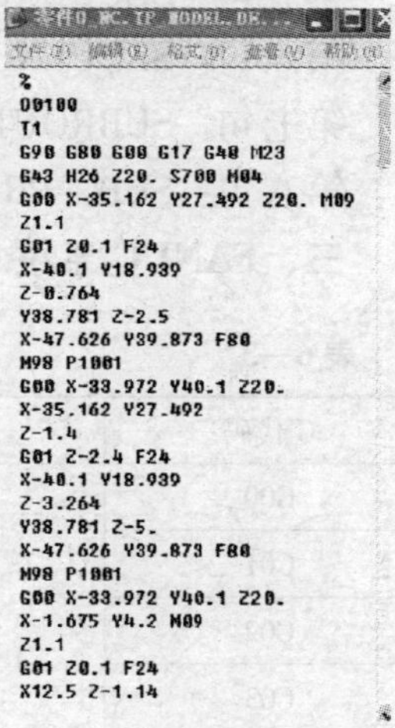

图 6—46　G 代码文件

◎相关知识

一、后处理概念

最早的 NC 程序主要依靠手工编程，直接采用机床指令代码，不存在所谓的后处理问题。手工编程对编程人员的要求非常高，一般都要求有很好的数学基础，在普通的 CAM 软件看来很一般的形状，用手工编程要花费大量的时间（由于需要不断地验证以纠正错误）。

后来随着各种 CAM 软件的开发，手工编程迅速被自动编程所取代。

目前 CAM 软件多采用类计算机高级语言，如 APT 语言等，来编制刀位原文件（CUTTRE LOCATION SOURCE FILE)，然而机床控制系统并不能直接识别这种语言，那就必须将这个类计算机高级语言转换成机床可以识别的 NC 程序，这个过程就叫后处理。

二、后置参数的说明（见图 6—47）

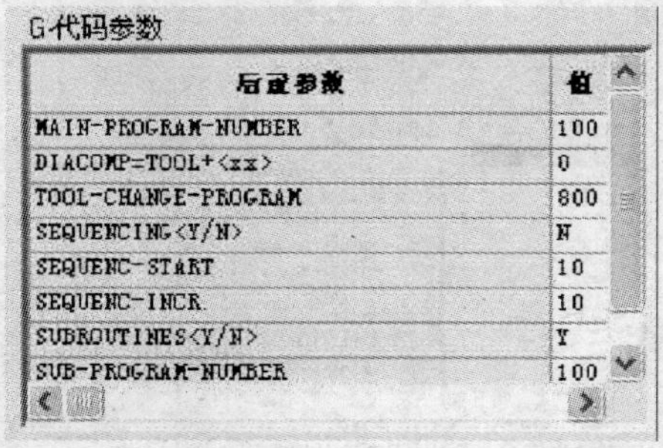

图 6—47　后置参数

第一句：MAIN – PROGRAM – NUMBER，其后面的参数值是设定主程序名。

第二局：DIACOMP = TOOL + <zz>，其后面的参数值是设定刀具半径补偿号。

第三句：TOOL – CHANGE – PROGRAM，其后面的参数值是设定换刀时要调用的子程序（也可以通过编辑 EXF 文件，直接用 M06 换刀)。

第四句：SEQUENCING <Y/N>，设定是否显示程序段号。

第五句：SEQUENC – START，设定程序起始行行号。

第六句：SEQUENC – INCR，设定行号的递增值。

第七句：SUBROUTINES <Y/N>，是否输出子程序。

第八句：SUB – PROGRAM – NUMBER，子程序程序名。

三、FANUC 系统 G 代码（见表 6—3）

表 6—3　　FANUC 系统 G 代码表

G 代码	组	功　能
G00	01	定位
G01		直线插补
G02		圆弧插补 / 螺旋线插补 CW
G03		圆弧插补 / 螺旋线插补 CCW
G04	00	停刀，准确停止
G05.1		打开或关闭高精度轮廓控制
G07.1（G107）		圆柱插补
G08		先行控制
G09		准确停止
G10		可编程数据输入
G11		可编程数据输入方式取消

续表

G代码	组	功能	
G15	17	极坐标指令取消	
G16		极坐标指令	
G17	02	选择 XpYp 平面	Xp：X 轴或其平行轴
G18		选择 ZpXp 平面	Yp：Y 轴或其平行轴
G19		选择 YpZp 平面	Zp：Z 轴或其平行轴
G20	06	英寸输入	
G21		毫米输入	
G22	04	存储行程检测功能有效	
G23		存储行程检测功能无效	
G27	00	返回参考点检测	
G28		返回参考点	
G29		从参考点返回	
G30		返回第 2、3、4 参考点	
G31		跳转功能	
G33	01	螺纹切削	
G37	00	自动刀具长度测量	
G39		拐角偏置圆弧插补	
G40	07	刀具半径补偿取消/三维补偿取消	
G41		左侧刀具半径补偿/三维补偿	
G42		右侧刀具半径补偿	
G40.1（G150）	19	法线方向控制取消方式	
G41.1（G151）		法线方向控制左侧接通	
G42.1（G152）		法线方向控制右侧接通	
G43	08	正向刀具长度补偿	
G44		负向刀具长度补偿	
G45	00	刀具偏置值增加	
G46		刀具偏置值减小	
G47		2 倍刀具偏置值	
G48		1/2 倍刀具偏置值	
G49	08	刀具长度补偿取消	
G50	11	比例缩放取消	
G51		比例缩放有效	
G50.1	22	可编程镜像取消	
G51.1		可编程镜像有效	
G52	00	局部坐标系设定	
G53		选择机床坐标系	

续表

G代码	组	功　能
G54	14	选择工件坐标系1
G54.1		选择附加工件坐标系
G55		选择工件坐标系2
G56		选择工件坐标系3
G57		选择工件坐标系4
G58		选择工件坐标系5
G59		选择工件坐标系6
G60	00/01	单方向定位
G61	15	准确停止方式
G62		自动拐角倍率
G63		攻螺纹方式
G64		切削方式
G65	00	宏程序调用
G66	12	宏程序模态调用
G67		宏程序模态调用取消
G68	16	坐标旋转/三维坐标转换
G69		坐标转换取消/三维坐标转换取消
G73	09	排屑钻孔循环
G74		左旋攻螺纹循环
G75	01	切入磨削循环（用于磨床）
G76	09	精镗循环
G77	01	切入直接固定尺寸磨削循环（用于磨床）
G78		连续进刀表面磨削循环（用于磨床）
G79		间歇进刀表面磨削循环（用于磨床）
G80	09	固定循环取消/外部操作功能取消
G81		钻孔循环或外部操作功能
G82		钻孔循环或反镗循环
G83		排屑钻孔循环
G84		攻螺纹循环
G85		镗孔循环
G86		镗孔循环
G87		背镗循环
G88		镗孔循环
G89		镗孔循环
G90	03	绝对值编程
G91		增量值编程

续表

G代码	组	功　能
G92	00	设定工件坐标系或最大主轴速度控制
G92.1		工件坐标系
G94	05	每分钟进给
G95		每转进给
G96	13	横表面速度控制
G97		横表面速度控制取消
G98	10	固定循环返回到初始点
G99		固定循环返回到R点
G160	20	横向进磨控制取消（磨床）
G161		横向进磨控制（磨床）

练　习　题

简答题

1. 什么是后置处理？
2. 简述在G代码参数设置的交谈区域中各个参数的意义。

练习题参考答案

第一单元

模块一

一、判断题

1. × 2. × 3. √ 4. √

二、填空题

1. 垂直 2. 水平 3. 孔 4. 工序集中

三、简答题

1. 答：适合在加工中心上加工的零件：需要用许多把刀具在一个工件上进行加工的零件；有定位孔距精度要求的多孔加工，定位繁琐的工件；重复生产的工件；复杂形状的零件，如模具、航空用零件等；能借助自动编程软件编程的各种异形零件。箱体类、板类零件适合在卧式加工中心上加工，如主轴箱体、泵体、阀体、内燃机缸体等。连顶面也要在一次装夹中加工完成，可选用五面体加工中心。立式加工中心适合加工箱盖、缸盖、平面凸轮等。龙门加工中心用于加工大型箱体、板类零件，如内燃机车缸体、加工中心立柱、床身等。

2. 答：选择加工中心加工零件时的注意事项：

(1) 由于零件加工的工序多，使用的刀具种类多，甚至在一次装夹下，要完成粗加工、半精加工与精加工，应周密合理地安排各个工序的加工顺序，有利于提高产品的质量与生产效率。

(2) 根据加工批量等情况决定换刀形式，换刀比较频繁时，就应选择加工中心进行加工，而对于换刀不频繁、工序单一的加工，宜采用铣床加工，这样可减少刀具的调整时间，提高效率。

(3) 加工编程时应充分考虑到换刀的空间，以免发生撞刀事故，有条件的采用机外预调刀具参数，便于操作者在运行程序前，及时修改刀具补偿参数。

(4) 检验与试切工作。由于手工编程有很多人为因素造成的错误，所以在加工前要认真进行程序的检查与校验，以防事故发生。

模块二

一、判断题

1. × 2. × 3. √ 4. √

二、填空题

1. 材料 几何参数 2. 精度高 尺寸稳定

三、简答题

1. 既有平面又有孔系的零件；结构形状复杂、普通机床难加工的零件；外形不规则的异形零件；周期性投产的零件；加工精度要求较高的中小批量零件；新产品试制中的零件。

2. 有的数控系统有刀具使用寿命管理功能，即可预先置入刀具的使用寿命，该刀具的实际切削时间可由计算机累加计算，达到使用寿命时提示更换锋利的刀具或自动更换刀库上的备用刀。

第二单元

模块一

一、判断题

1. √ 2. × 3. × 4. √ 5. √ 6. ×

二、填空题

1. G92 2. G54 3. 工件坐标系 4. 局部坐标系

三、选择题

1. B 2. D 3. C 4. D

模块二

一、判断题

1. √ 2. √ 3. × 4. √ 5. × 6. √

二、填空题

1. G41 2. 负值 0° 3. 带扁尾莫氏锥孔刀柄 4. 较高 较高 较好 5. 立铣刀

三、选择题

1. B 2. A 3. C 4. B

模块三

一、判断题

1. × 2. √ 3. √ 4. × 5. √

二、填空题

1. 主程序 子程序 2. 999 3. 一级子程序 4. 不能

三、选择题

1. D 2. C 3. B

四、名词解释

在程序中把某些固定顺序或重复出现的程序单独抽出来，编成一个程序供调用，这个程序就是子程序。

模块四

一、判断题

1. × 2. √ 3. √

二、填空题

1. 2 2. 型腔

模块五

一、判断题

1. √ 2. √ 3. √

二、填空题

1. 背吃刀量　2. 自动编程法　宏程序法　手工编程法　3. 机床　夹具　刀具　刚度

三、选择题

1. A　2. C　3. B

四、简答题

答：合理选择切削用量的原则是：粗加工时，一般以提高生产率为主，但也应考虑经济性和加工成本，半精加工和精加工时，应在保证加工质量的前提下，兼顾切削效率、经济性和加工成本，具体数值应根据机床说明书、切削用量手册，并结合实际经验确定。

第三单元

模块一

一、判断题

1. √　2. √

二、填空题

1. 铣平　打中心孔　2. 螺纹底孔　不在加工中心上　攻螺纹　螺纹镗刀镗削

三、选择题

1. B　2. C

模块二

一、判断题

1. √　2. √

二、填空题

1. 顺铣　逆铣　2. 0.3～1.0

三、简答题

答：在刀具正转的情况下，刀具的切削速度方向与工件的移动方向相同，采用左刀补的铣削为顺铣；刀具的切削速度方向与工件的移动方向相反，采用右刀补的铣削为逆铣。

采用顺铣时，其切削力及切削变形小，但容易产生崩刃现象。因此，通常采用顺铣的加工方法进行精加工。而采用逆铣则可以提高加工效率，但由于逆铣切削力大，导致切削变形增加、刀具磨损加快。因此，通常在粗加工时采用逆铣的加工方法。

模块三

一、判断题

1. √　2. ×

二、简答题

1. 答：X_ Y_：孔位数据；

Z_：从 R 点到孔底的距离；

R_：从初始位置到 R 点位置的距离；

P_：在孔底的暂停时间；

F_：切削进给深度；

K_：重复次数。

2. 答：该循环用作正常钻孔。切削进给执行到孔底，执行暂停。然后，刀具从孔底快速移动退回。

3. 答：铰孔中心与底孔中心不一致；进给量或铰削余量过大；切削速度太高，铰刀热膨胀；切削液选用不当或没加切削液。

模块四

一、判断题

1. √ 2. √ 3. × 4. ×

二、选择题

1. D 2. C

三、简答题

1. 答：G84 X_ Y_ Z_ R_ P_ F_ K_；

其中 X_ Y_：孔位数据；

Z_：从 R 点到孔底的距离；

R_：从初始位置到 R 点的距离；

P_：暂停时间；

F_：切削进给深度；

K_：重复次数（如果需要的话）。

2. 答：丝锥夹紧不牢固，造成乱牙；攻不同螺纹时，固定循环中的孔底平面选择过深；切屑堵塞，没有及时清理；固定循环程序选择不合理。

3. 答：在数控机床上攻螺纹时，沿螺距方向的 Z 向进给和机床主轴的旋转保持严格的速比关系，但在实际攻螺纹开始时，伺服系统不可避免地有一个加速的过程，结束前相应有一个减速的过程。在这两段时间内，螺距得不到有效保证。为了避免这种情况的出现，在安排工艺时要尽可能考虑合理的导入距离和导出距离。

导入距离 δ_1 一般取 $2\sim3P$，对大螺距和高精度的螺纹则取较大值；导出距离 δ_2 一般取 $1\sim2P$。此外，在加工通孔螺纹时，导出距离还要考虑丝锥前端锥角的长度。

模块五

一、判断题

1. × 2. × 3. √ 4. × 5. × 6. √

二、选择题

1. D 2. C 3. C

三、简答题

1. 答：镗刀回转半径调整不当，与所加工孔径不符；测量不正确；镗刀在加工过程中磨损；镗刀刚度不足，镗刀偏让；镗刀刀头锁紧不牢固。

2. 答：选择截面积大的刀杆；刀杆的伸出长度尽可能短；选择合适的切削角度。

第四单元

模块一

一、简答题

用编程的镜像指令可实现坐标轴的对称加工。

二、

1. 确定数控铣削加工工艺

（1）分析零件图。该零件为由多个圆弧相连组成的凸台，且经过粗加工，只需进行精加工即可。零件材料为45钢，切削加工性能较好，无热处理和硬度要求。

（2）确定装夹方案。选用机床用平口虎钳装夹工件，需用百分表找正。

（3）加工路线。沿凸台轮廓顺时针进行加工。

（4）工具、量具、刃具选择

①工具、量具的选择参见表4—1。

②刃具已经给定，选用 ϕ10 mm 立铣刀进行加工。

（5）刀具与合理的切削用量见答表1。

答表1　　刀具与合理的切削用量

序号	刀具规格	工序内容	f（mm/min）	a_p（mm）	n（r/min）
T01	ϕ10 mm 立铣刀	精铣轮廓，至图样尺寸	60		800

（6）设定工件坐标系。工件坐标系原点设在坯料上表面的中心处，并通过对刀设定原点偏置G54。

2. 编制数控加工程序

数控加工程序见答表2。

答表2　　数控加工程序

程序内容	说明
O4005；	主程序号是O4005
N10 T01 M06；	调用T01号刀具
N20 G54 G90 G00 G43 Z200 H01；	工件坐标系G54，绝对编程，调用H01号刀具长度补偿并快速移动到Z200处
N30 M03 S800 F60；	主轴正转，转速为800 r/min，进给量为60 mm/min
N40 M98 P0506；	调用子程序O0506，运行1次
N50 G51.1 X0；	以X=0为对称轴，设置可编程镜像
N60 M98 P0506；	调用子程序O0506，运行1次
N70 G51.1 Y0；	以Y=0为对称轴，设置可编程镜像
N80 M98 P0506；	调用子程序O0506，运行1次
N90 G50.1 X0；	取消X=0为对称轴，Y=0为对称轴仍然有效
N100 M98 P0506；	调用子程序O0506，运行1次
N110 G50.1 Y0；	Y=0为对称轴也取消
N120 G49 G90 Z100；	取消刀具长度补偿，Z轴快速移动到Z100处
N130 M30；	程序结束
O0506；	子程序号是O0506

续表

程序内容	说明
N10 G90 G00 X20 Y－80；	刀具中心点快速移动到（20，－80）
N20 G00 Z－4；	刀具快速下刀到 Z－4 处
N30 G41 G00 X10 Y70 D01；	刀具左补偿快速移动到（10，70），刀具半径补偿值 D01＝5
N40 G02 X0 Y－60 R10；	顺时针沿外轮廓加工
N50 G03 X－20 Y－40 R20；	
N60 G02 X－40 Y－20 R20；	
N70 G03 X－60 Y0 R20；	
N80 G02 X70 Y10 R10；	
N90 G00 Z10；	刀具快速抬到 Z10 处
N100 G40 G00 X0 Y0；	取消刀具半径补偿，刀具快速移动到（0，0）
N110 M05；	主轴停止转动
N120 M30；	程序结束

模块二

一、简答题

编程形状能够旋转。用该功能（旋转指令）可将工件旋转某一指定的角度。另外，如果工件的形状由许多相同的图形组成，则可将图形单元编成子程序，然后用主程序的旋转指令调用。这样可简化编程，省时、省存储空间。

二、

1. 确定数控铣削加工工艺

（1）分析零件图。该零件主要加工方形凸台，且已经过粗加工，只需进行精加工即可。零件材料为 45 钢，切削加工性能较好，无热处理和硬度要求。

（2）确定装夹方案。选用机床用平口虎钳装夹工件，需用百分表找正。

（3）加工路线。沿凸台轮廓顺时针进行加工。

（4）工具、量具、刃具选择

1）工具、量具选择参见表 4—8。

2）刃具已经给定，选用 ϕ10 mm 立铣刀进行加工。

（5）刀具与合理的切削用量见答表 3。

答表 3　　刀具与合理的切削用量

序号	刀具规格	工序内容	f（mm/min）	a_p（mm）	n（r/min）
T01	ϕ10 mm 立铣刀	精铣轮廓，至图样尺寸	60		800

（6）设定工件坐标系。工件坐标系原点设在坯料上表面的中心处，并通过对刀设定原点偏置 G54。

2. 编制数控加工程序（见答表 4）

答表 4　　　　　　　　　　　　　　　　数控加工程序

程序内容	说明
O4024；	主程序号是 O4024
N10 T01 M06；	调用 T01 号刀具
N20 G54 G90 G00 G43 Z200 H01；	工件坐标系 G54，绝对编程，调用 H01 号长度补偿并快速移动到 Z200 处
N30 M03 S800 F60；	主轴正转，转速为 800 r/min，进给量为 60 mm/min
N40 G00 X-80 Y0；	刀具快速移动到（-80，0）
N50 G00 Z-5 M08；	刀具快速下刀到 Z-5，切削液开
N60 G68 X0 Y0 R15；	以（0，0）为旋转中心，调用旋转指令，逆时针旋转 15°
N70 G41 G00 X-60 Y15 D01；	刀具半径左补偿，D01=5，快速移动到（-60，15）
N80 G01 X10；	加工上面的直线
N90 G02 X20 Y5 R10；	加工右上角圆角
N100 G01 Y-5；	加工右侧直线
N110 G02 X10 Y-15 R10；	加工右下角圆角
N120 G01 X-10；	加工下面的直线
N130 G02 X-20 Y-5 R10；	加工左下角圆角
N140 G01 Y5；	加工左侧直线
N150 G02 X-10 Y15 R10；	加工左上角圆角
N160 G01 X0；	刀具沿 *X* 轴切削到 X=0 处
N170 G40 G01 Y40；	取消刀具左补偿，切出到（0，40）
N180 G69；	取消旋转指令
N190 G49 G90 G00 Z10 M09；	取消刀具长度补偿，抬刀到绝对坐标 Z10 处，切削液关
N200 M05；	主轴停转
N210 M30；	程序结束

模块三

一、选择题

1. B　2. B

二、简答题

编程的形状被放大和缩小（比例缩放）。用 X_ Y_ 和 Z_ 指定的尺寸可以放大和缩小相同或不同的比例。比例可以在程序中指定。除了在程序中指定以外，还可用参数指定比例。

三、

1. 确定数控铣削加工工艺

（1）分析零件图。该零件由两个有相似外形轮廓的凸台组成，可利用比例缩放指令进行加工。零件材料为 45 钢，切削加工性能较好，无热处理和硬度要求。

（2）确定装夹方案。选用机床用平口虎钳装夹工件，用百分表找正。

（3）加工路线

1）沿凸台轮廓顺时针粗铣缩放前轮廓。

2）运用比例缩放功能指令粗铣缩放后的外轮廓。

3）沿凸台轮廓顺时针精铣缩放前轮廓。

4）运用比例缩放功能指令精铣缩放后的外轮廓。

（4）工具、量具、刀具选择

1）工具、量具选择参见表4—13。

2）刀具已经给定，选用 ϕ16 mm 铣刀进行加工。

（5）刀具与合理的切削用量见答表5。

答表5　　刀具与合理的切削用量

序号	刀具规格	工序内容	f（mm/min）	a_p（mm）	n（r/min）	刀具长度补偿（mm）	刀具半径补偿（mm）
T01	ϕ16 mm 立铣刀	粗铣缩放前外轮廓，留余量0.4 mm	60	2	700	—	8.2
		粗铣缩放后外轮廓，留余量0.4 mm	60	3	700	—	8.2
		精铣缩放前外轮廓，至图样尺寸	50		800	—	8
		精铣缩放后外轮廓，至图样尺寸	50		800	—	8

（6）设定工件坐标系。工件坐标系原点设在坯料上表面的中心处，并通过对刀设定原点偏置G54。

2．编制数控加工程序

（1）粗加工程序见答表6。

答表6　　粗加工程序

程序内容	说明
O4031；	主程序号是O4031
N10 T01 M06；	调用T01号刀具
N20 G54 G90 G00 Z200；	工件坐标系G54，绝对编程，快速移动到Z200处
N30 M03 S700 F60；	主轴正转，转速为700 r/min，进给量为60 mm /min
N40 G00 X－80 Y0 Z25；	刀具快速移动到（－80，0，25）处
N50 G00 Z－7 M08；	快速下刀到Z－7处，切削液开
N60 M98 P5032；	调用子程序5032，运行1次
N70 G00 Z25；	快速抬刀到Z25处
N80 G00 X－80 Y0；	刀具快速移动到（－80，0）处
N90 G51 X0 Y0 P0.8；	调用比例缩放指令
N100 M98 P5032；	调用子程序5032，运行1次，粗铣缩放前轮廓，留加工余量0.4 mm
N110 G50；	取消比例缩放指令
N120 M05 M09；	主轴停转，切削液关

续表

程序内容	说明
N130 M30;	程序结束
O5032;	子程序号是 O5032
N10 G41 G01 X-70 Y34 D01;	刀具半径左补偿，移动到（-70，34），D01=8.2
N20 G01 X38;	刀具铣削上面的直线
N30 G02 X38 Y-34 R100;	刀具铣削右侧的圆弧
N40 G01 X-38;	刀具铣削下面的直线
N50 G02 X-38 Y34 R100;	刀具铣削左侧的圆弧
N60 G03 X-38 Y42 R4;	刀具沿圆弧切出工件
N70 G40 G01 Y60;	取消刀具半径补偿，沿 *Y* 轴移动到 Y60 处
N80 M99;	子程序结束

（2）精加工程序（略）

第五单元

模块一

一、判断题

1. √　2. √

二、填空题

1. 铣削速度（v_c）　进给量（f）　铣削背吃刀量（a_p）　铣削宽度（a_e）

2. 水基切削液　油基切削液

三、简答题

答：水基切削液的主要成分是水、化学合成乳化液，冷却能力强；油基切削液的主要成分是各种矿物油、动物油、植物油或由它们组成的复合油，并可添加各种添加剂，因此其润滑性能突出。

模块二

一、判断题

1. √　2. ×

二、简答题

答：工件在使用平口钳或压板装夹的过程中，应对工件进行找正。找正时，将百分表用磁性表座固定在主轴上，百分表触头接触工件，在前后或左右方向移动主轴，从而找正工件上下平面与台面的平行度。同样在侧平面内移动主轴，找正工件侧面与主轴进给方向的平行度。如果不平行，则可用铜棒轻敲工件或垫塞尺的方法进行调整，然后再重新进行找正。

当使用平口钳装夹时，首先要对平口钳的钳口进行找正，找正方法和工件侧面方向的找正方法类似。

模块三

一、填空题

1. 装夹与校正　刀具　加工　工艺系统　2. 刀具刚度差，刀具加工过程中产生振动　对刀不正确，产生位置精度误差

二、简答题

1. 切削深度过大，导致刀具发生弹性变形，加工面呈锥形；刀具补偿参数设置不正确；精加工余量选择过大或过小；切削用量选择不当，导致切削热过大，从而产生热变形和应力。

2. 夹具装夹找正不正确；机床几何误差；工件定位不正确或夹具与定位元件制造误差。

第六单元

模块一

一、选择题

1. A　2. B　3. C　4. B　5. C　6. D　7. C　8. D

二、简答题

1. 答：拉伸、旋转、导动、放样、扫描、圆角、拔模、比例缩放、孔、抽壳、删除和延伸、融合、切除。

2. 答：扫掠、旋转、导动、混合、边界面、组合面、曲面圆角、线面圆角、三面导圆、偏移、延伸、缝合、取消缝合、断开、最大轮廓断开、裁剪、修改。

3. 答：组合曲线、点、直线、样条线、圆角过渡、文字、螺旋线、曲面曲线、相交线、最大轮廓线、偏移、延伸、投影、分割、裁剪、圆、修改。

模块二

1. √　2. √　3. √　4. √　5. √　6. √　7. ×

模块三

1. 答：目前 CAM 软件多采用类计算机高级语言，然而机床控制系统并不能直接识别这种语言，就必须将这种类计算机高级语言转换成机床可以识别的 NC 程序，这个过程就叫后处理。

2. 答：MAIN－PROGRAM－NUMBER，其后面的参数值是设定主程序名。

DIACOMP＝TOOL＋<zz>，其后面的参数值是设定刀具半径补偿号。

TOOL－CHANGE－PROGRAM，其后面的参数值是设定换刀时要调用的子程序（也可以通过编辑 EXF 文件，直接用 M06 换刀）。

SEQUENCING<Y/N>，设定是否显示程序段号。

SEQUENC－START，设定程序起始行行号。

SEQUENC－INCR，设定行号的递增值。

SUBROUTINES<Y/N>，是否输出子程序。

SUB－PROGRAM－NUMBER，子程序程序名。

参考文献

1　宗国成，赵学跃．数控铣工技能鉴定考核．北京：机械工业出版社，2006

2　郑书华，张凤辰．数控铣削编程与操作训练．北京：高等教育出版社，2005

3　劳动和社会保障部教材办公室组织编写．数控铣工．北京：中国劳动社会保障出版社，2007

4　韩鸿鸾．数控铣工加工中心操作工．北京：机械工业出版社，2006

5　劳动和社会保障部教材办公室组织编写．数控铣床/加工中心加工工艺与编程．北京：中国劳动社会保障出版社，2006

6　金晶．数控铣床加工工艺与编程操作．北京：机械工业出版社，2006

7　沈建峰，黄俊刚．数控铣床/加工中心技能鉴定考点分析和试题集萃．北京：化学工业出版社，2007

8　劳动和社会保障部教材办公室组织编写．Siemens 系统编程与操作实训数控加工中心．北京：中国劳动社会保障出版社，2006